Vorwort

*... Zuweilen hält man die Schule nur für ein Instrument
zur Weitergabe einer Höchstmenge von Wissen
an die heranwachsende Generation.
Das ist nicht richtig. Wissen allein ist tot;
die Schule aber dient dem Lebendigen. Sie soll
in den jungen Menschen alle Eigenschaften und
Fähigkeiten entwickeln, die für die Wohlfahrt
der Allgemeinheit wertvoll sind.*

ALBERT EINSTEIN

Noch genau kann ich mich an jenen Tag erinnern, als ich im Jahre 1953 meinen Schülern der Klassenstufe 10 erstmals zentral gestellte Aufgaben zur schriftlichen Abschlußprüfung übergab. Aufgabe 1 lautete:

● Ein Balken hat quadratischen Querschnitt. Die Diagonale des Querschnitts ist 5 cm länger als die Seite. Berechnen Sie die Länge der Seite und die Länge der Diagonale!

Diese und weitere rund 250 Prüfungsaufgaben liegen heute vor mir, fein säuberlich auf Karteikarten übertragen, mit vollständigen Lösungen versehen. Sie stellen eine wertvolle Fundgrube für die Gestaltung des Unterrichts dar. Vielfältig sind ihre Einsatzmöglichkeiten: Gegliedert nach Stoffgebieten, nach theoretischen und praktischen Aspekten, nach leichter und anspruchsvoller Kost, eingebaut in Klassenarbeiten, vorgegeben als Einstimmung auf eine Unterrichtsstunde, lehrplangerecht eingefügt in den verschiedensten Klassenstufen, eingesetzt als Hausaufgabe, sind diese Prüfungsaufgaben stets Freund, Helfer und ständiger Begleiter über drei Jahrzehnte geblieben. Manches ist wie eh und je aktuell, anderes veraltet. Einige praxisbezogene Aufgaben haben schon historischen Wert.
Einhundert Aufgaben habe ich für dieses Buch ausgewählt, nach Stoffgebieten geordnet und in der „Pflicht" (▲) zusammengefaßt. Mein Ziel ist: jeden erreichen, anregen und aktivieren.

Herausgegriffen aus der Praxis, aus Fachbüchern, aus einer Vielzahl von Broschüren und Zeitschriften, habe ich stets auch aktuelle Aufgaben in den Unterricht eingebaut. Bewährten sie sich, wurden sie als „Kür" meiner „Pflicht"-Kartei angegliedert.

Auf Grund meiner Initiative wurde im Jahre 1967 die mathematische Schülerzeitschrift *alpha* ins Leben gerufen, deren Chefredakteur ich seither bin. Sie ist Freund und Helfer für über 50 000 Leser in rund zwanzig Ländern der Erde. *alpha* schafft enge Wechselbeziehungen zwischen dem Unterricht und einer lebendigen, abwechslungsreichen, niveauvollen außerunterrichtlichen Arbeit, insbesondere für leistungsstarke Schüler, ihre Betreuer sowie an Mathematik interessierte Erwachsene. Sie gab wertvolle Impulse vor allem zu den „Kür"-Aufgaben dieses Bandes.

Mit Interesse, Staunen und etwas Schmunzeln machten sich meine Schüler erst kürzlich an die Lösung folgender Probleme aus dem Mathematiklehrbuch der Jahre 1945/46:

● In einem Wintermonat brennen in einem Dorfwirtshaus am Abend und in der Nacht 8 Lampen, und zwar $6\frac{1}{4}$ Std. lang. Wieviel Petroleum haben sie im Monat alle zusammen verbraucht, und wieviel kostete das Petroleum (1 l kostet 29 Pf.)?

● Eine Handschuhfabrik verpackt in einer Kiste Handschuhe: von der 1. Sorte $5\frac{1}{2}$ Dtzd., von der 2. Sorte $7\frac{3}{4}$ Dtzd., von der 3. Sorte $9\frac{5}{6}$ Dtzd., von der 4. Sorte $4\frac{2}{3}$ Dtzd. Wieviel Dtzd. und wieviel Stück sind das insgesamt?

● 8 Mann mähen am ersten Tag 5 ha Sommergetreide; wieviel ha bringen in derselben Zeit 20 Mann fertig?

Aus zahlreichen Quellen habe ich die „Kür"-Aufgaben dieses Buches (■) ausgewählt, und zur Auflockerung sind jeweils auch einige historische Fragestellungen sowie eine Reihe unterhaltsamer Knobeleien eingestreut. Gedanklich angelehnt habe ich mich dabei an den Eiskunstlauf: Nach exakter, streng reglementierter Pflicht folgt eine spielerische, abwechslungsreiche Kür mit unterschiedlichem Schwierig-

JOHANNES LEHMANN

Mathematik –
von
der Pflicht zur Kür

Prüfungs-
und Übungsaufgaben,
Knobeleien
und Lösungshinweise

3. Auflage

Mit 134 Abbildungen

LEIPZIG

BSB B. G. TEUBNER VERLAGSGESELLSCHAFT 1989

MATHEMATISCHE SCHÜLERBÜCHEREI · Nr. 130

Kapitelgrafiken und Abbildung auf der ersten Umschlagseite:
Rolf F. Müller, Gera.

Lehmann, Johannes:
Mathematik – von der Pflicht zur Kür: Prüfungs- und
Übungsaufgaben, Knobeleien und Lösungshinweise/Johan-
nes Lehmann. –
3. Aufl. – Leipzig: BSB Teubner, 1989. –
148 S.: 134 Abb.
(Mathematische Schülerbücherei; 130)
NE: GT

ISBN 3-322-00379-5

Math. Sch.büch.
ISSN 0076-5449
© BSB B. G. Teubner Verlagsgesellschaft, Leipzig, 1987
3. Auflage
VLN 294-375/59/89 · LSV 1009
Lektor: Jürgen Weiß
Printed in the German Democratic Republic
Gesamtherstellung: INTERDRUCK Graphischer Großbetrieb Leipzig,
Betrieb der ausgezeichneten Qualitätsarbeit, III/18/97
Bestell-Nr. 666 253 6
01200

keitsgrad. Umgesetzt auf die Mathematik benötigen wir gute Grundkenntnisse, solides Wissen und Können, aber auch die Bereitschaft und die Fähigkeit, erworbene Kenntnisse bei der Lösung praktischer Probleme anzuwenden.

Den mehr als 250 Aufgaben dieses Bandes wurden Lösungshinweise beigefügt, bei einigen ausführlicher, bei anderen nur die Resultate. Dem Leser, sowohl dem Lernenden als auch dem Lehrenden, Schülern, Lehrern, Eltern und auch anderen Interessenten, werden Impulse gegeben für die weiterführende Beschäftigung mit diesem oder jenem Stoffgebiet.

Mein Dank gilt Herrn Jürgen Weiß und den Gutachtern, die eine Reihe wertvoller Hinweise zum vorliegenden Buch gaben.

Viel Freude, vor allem aber Erfolg, wünscht allen Lesern

Johann Lehmann

Leipzig, Mai 1986

Inhalt

1.

Arithmetik

P 1 ▲ Gegeben sei der Term $\dfrac{30a}{b-2}$.

a) Berechnen Sie den Wert des Terms für $a = \dfrac{1}{2}$, $b = 7$!

b) Geben Sie denjenigen Wert für b an, für den der Term nicht definiert ist!

P2 ▲ a) Geben Sie $7 \cdot 10^{-3}$ als Dezimalbruch an!
b) Berechnen Sie x, y und z:

$$x = \frac{10^5}{10^6} \cdot 10^{-3}; \quad y = \frac{1{,}2 \cdot 10^7 \cdot 4{,}5 \cdot 10^{-2}}{3{,}6 \cdot 10^3}; \quad z = \sqrt{1{,}44 \cdot 10^4}.$$

P3 ▲ Kürzen Sie den Bruch $\dfrac{4a^2 - 1}{2a - 1}$, und geben Sie an, welchen Wert a in dem gegebenen Bruch nicht annehmen darf!

P4 ▲ Für die Elemente x der Menge M gilt:

$$15 < x < 20 \quad (x \in \mathbb{N}).$$

a) Geben Sie alle Elemente von M an!
b) Geben Sie alle Teilmengen von M an, deren Elemente Primzahlen sind!

P5 ▲ Vereinfachen Sie:

a) $\dfrac{7s}{2} - \dfrac{2s}{3} - \dfrac{4s}{5}$,   b) $\dfrac{4r^2}{27t} : \dfrac{16r^5}{54}$.

P6 ▲ Vereinfachen Sie die folgenden Terme so weit wie möglich:

a) $5(3a - 2b) + 2(4b - 5a) - 10b$,

b) $3m(m + 0{,}6n - 4n^2) + (m - 5n)^2$,

c) $\dfrac{a}{a + b} + \dfrac{b}{a - b}$ $(a \neq -b;\ a \neq b)$.

P7 ▲ Es seien
x der absolute Betrag von (-8),
y die entgegengesetzte Zahl zu $(-2{,}5)$ und

z das Reziproke von $\dfrac{2}{5}$.

Ermitteln Sie $x^2 \cdot \dfrac{y}{2} \cdot \dfrac{1}{z}$!

P 8 ▲   Vereinfachen Sie folgende Terme so weit wie möglich:

a) $\sqrt[3]{a^6 b^9}$ $(a \geqq 0;\ b \geqq 0;\ a, b \in \mathbb{R})$,

b) $5\sqrt{k^2} - \sqrt{49 k^2}$ $(k \geqq 0,\ k \in \mathbb{R})$,

c) $\sqrt[3]{\dfrac{a^2}{9}} \cdot \sqrt[3]{\dfrac{a}{3}}$ $(a \geqq 0,\ a \in \mathbb{R})$.

P 9 ▲   a) Berechnen Sie 12,5 % von 528 ha!
b) Ermitteln Sie $n = \log_3 27$!
c) Ordnen Sie die Zahlen $\sqrt{2}$; 1,4; $1,\overline{4}$ der Größe nach!

P 10 ▲   Gegeben ist eine natürliche Zahl n $(n \neq 0)$.
a) Schreiben Sie in allgemeiner Form die der Zahl n unmittelbar vorangehende natürliche Zahl (Vorgänger) und die unmittelbar folgende natürliche Zahl (Nachfolger) auf!
b) In einem speziellen Fall sei das Produkt aus dem Vorgänger und dem Nachfolger von n die Zahl 483. Berechnen Sie n mit Hilfe einer Gleichung!

> *Die Mathematik ist die Königin*
> *der Wissenschaften und die Arithmetik*
> *die Königin der Mathematik.*
> CARL FRIEDRICH GAUSS

K 11 ■   Setzen Sie statt □ das jeweils richtige Zeichen $<;\ >;\ =$ ein:

a) $6^4 : 6^5$ □ 1,   b) $6^2 \cdot 0{,}6^2$ □ 1,

c) $0{,}5^3 : 0{,}5^5$ □ 1,   d) $100^{-3} \cdot 10^1$ □ 1,

e) $\sqrt{0{,}3} : 0{,}3^3$ □ 1,   f) $0{,}5^{\frac{1}{3}} \cdot 2^{\frac{1}{3}}$ □ 1,

g) $\sqrt{81^{\frac{1}{2}} : \left(2^2 \cdot 3\frac{1}{2}\right)}$ □ 1,   h) $\sqrt{12} : \sqrt{6}$ □ 1,

i) $\dfrac{\sqrt{2} + \sqrt{3}}{\sqrt{2} - \sqrt{3}}$ □ 1,   k) $\dfrac{\sqrt{2} - \sqrt{3}}{\sqrt{2} + \sqrt{3}}$ □ 1.

K 12 ■ Ohne Benutzung einer Tafel soll entschieden werden, welche der beiden folgenden Zahlen größer ist:

a) $4 \cdot \sqrt{3}$ oder 7,   b) $\sqrt{2}$ oder $\sqrt[3]{3}$,

c) $\sqrt{5} + \sqrt{3}$ oder $\sqrt{6} + \sqrt{2}$.

K 13 ■ In die leeren Felder der Abb. 1.1 sind natürliche Zahlen so einzusetzen, daß waagerecht und senkrecht alle Aufgaben richtig gelöst sind!

$$5^{-2} \cdot 125 = \square$$
$$\square : \sqrt[3]{125} = \bigcirc$$
$$\log_2 32 + \bigcirc = \triangle$$
$$\triangle \cdot \square = 324^{\frac{1}{2}}$$
$$\square + \bigcirc + \triangle = \sqrt{*}$$

Abb. 1.1   Abb. 1.2

K 14 ■ Füllen Sie die freien Felder der Abb. 1.2 aus! Gleiche geometrische Symbole bedeuten gleiche Zahlen.

K 15 ■ Zu einer Familie gehören sechs Personen (Vater, Mutter, zwei Söhne und zwei Töchter). Das Produkt der Zahlen, die jeweils das Alter der weiblichen Familienmitglieder in vollen Jahren angeben, beträgt 5 291. Für die männlichen Familienmitglieder heißt das entsprechende Produkt 3 913. Unter den Kindern dieser Familie ist ein Zwillingspaar.
Sind die Zwillinge gleichen Geschlechts?

K 16 ■ Zu bestimmen ist die Menge M aller ungeraden Teiler von 90, die zwischen 4 und 10 liegen!

K 17 ■ Welchen Wert besitzt der Term

$a(a + 2) + c(c - 2) - 2ac,$
wenn $a - c = 7$ ist?

K 18 ■ In diesem Puzzle (Abb. 1.3) sind genau zwanzig mathematische Begriffe versteckt.

H	C	U	R	B	L	A	M	I	Z	E	D
M	P	U	K	C	E	T	H	C	E	R	R
S	L	N	O	I	T	I	D	D	A	L	E
U	U	T	S	T	R	E	C	K	E	I	T
M	S	G	N	U	H	C	I	E	L	G	E
M	G	N	U	D	L	I	B	B	A	P	M
E	L	K	R	E	I	S	I	S	E	Z	Z
K	U	G	E	L	K	A	F	T	D	E	I
T	L	E	K	N	I	W	L	R	A	P	F
R	O	T	K	A	F	I	E	A	R	A	F
Q	U	A	D	R	A	T	O	H	E	R	E
N	D	R	E	I	E	C	K	L	G	T	R

Abb. 1.3

Suchen Sie diese waagerecht oder senkrecht, vorwärts oder rückwärts! Die frei bleibenden Buchstaben ergeben, fortlaufend gelesen, einen mathematischen Begriff.

K 19 ■ Drücken Sie den in Textform gegebenen mathematischen Sachverhalt durch einen Term aus:
a) Gegeben ist eine Differenz. Der Minuend ist eine reelle Zahl. Der Subtrahend ist die Summe aus einer anderen reellen Zahl und der Hälfte des Quadrates des Minuenden.
b) Gegeben ist ein Produkt. Der erste Faktor ist der fünfte Teil einer reellen Zahl. Der zweite Faktor ist die Summe aus einer anderen von Null verschiedenen reellen Zahl und dem Reziproken dieser Zahl. Der dritte Faktor ist die 3. Potenz des ersten Faktors.

K 20 ■

$$\text{START} \longrightarrow \sqrt{169} + \sqrt{361} = \boxed{} \longrightarrow \sqrt{\boxed{}} : \sqrt{2} - \boxed{}$$
$$\boxed{}^{-1} \cdot \boxed{} = \triangle \longrightarrow \log_2 \triangle = \bigcirc \longrightarrow \text{stop}$$

Abb. 1.4

K 21 ■ Berechnen Sie oder vereinfachen Sie soweit wie möglich im Kopf:

n	9^n	$3 \cdot 5^n$	n^3	$\dfrac{5}{n}$	$\dfrac{n}{5}$	$\sqrt{n}$	n^n
2							
$\dfrac{1}{2}$							
-2							
$-\dfrac{1}{2}$							
0,25							
$-0,25$							

K 22 ■ Die Babylonier benutzten für die Bestimmung der Quadratwurzel die Näherungsformel $\sqrt{a^2 + b} \approx a + \dfrac{b}{2a}$.

a) Bestimmen Sie nach dieser Formel $\sqrt{102}$; $\sqrt{10,2}$; $\sqrt{35,6}$!
b) Ist der Näherungswert größer oder kleiner als der wahre Wert? Begründen Sie Ihre Auffassung!

K 23 ■ *Eine harte Nuß*: Bestimmen Sie die Menge M aller natürlichen Zahlen a, für die die folgenden Bedingungen *gleichzeitig* erfüllt werden:
a) $0 < a < 4\,000$,
b) die Zahlen sind sowohl durch 4, durch 5 als auch durch 9 teilbar,
c) 8, 25 und 27 sind nicht Teiler von a,
d) subtrahiert man von den Zahlen a die Zahl 8, so ist diese Differenz durch 11 teilbar!

K 24 ■ *Kreuzzahlrätsel*: Führen Sie die vorgegebenen Operationen durch, und tragen Sie die Ergebnisse in Abb. 1.5 ein!

Abb. 1.5

Waagerecht
Lösen Sie im Kopf!

1. 11^2
3. $4^2 \cdot 10^2 + 9^2$
6. 14^2
8. $9^3 : 9$
9. $3(\sqrt{64} + \sqrt{16})$
11. $30^2 + 3^4$
13. $19^2 + 40$
15. $\sqrt{121}$
16. $967 \cdot 3$
18. $80^2 + 6^2$
20. $\sqrt{361}$
22. $25^2 + 13^2$
23. $30^2 + 43 \cdot 4$
25. $8\,765 \cdot 10^4 + 4\,321$

Senkrecht
Lösen Sie mit dem Taschen-rechner!

1. $[(128\,624 + 99\,999) \cdot 3 + 2] \cdot 18$
2. $\sqrt{\sqrt{14\,641}}$
3. $10 \cdot \sqrt{2\,825\,761}$
4. $2\,200 : 5^2$
5. $1\,099\,989 : 99$
7. $\dfrac{40\,986}{23 \cdot 18}$
10. $\sqrt{3\,721} - 1$
12. $3 + 10^2 \cdot \sqrt{1\,234\,321}$
14. $234\,574 : (399 : 21)$
17. $27^2 - 211 \cdot 3$
19. $110\,334 : 222$
21. $9^2 \cdot 12$
23. $\sqrt{\sqrt{38\,416}}$
24. $1\,785 : (5 \cdot 17)$

K 25 ■

S	$1 : 3^{-2} + \sqrt{63} \cdot \sqrt{7}$
C	$\left[10^2 \cdot 2 + (10:2)^2\right]^{\frac{1}{2}}$
H	$\left(\dfrac{1}{0,5} + \dfrac{1}{0,05}\right) \cdot 0,5^2$
N	$\sqrt[3]{21952} - \sqrt[4]{83521}$
E	$\dfrac{2^5 \cdot 5^5}{10000} \cdot \left(3^0 + \dfrac{6^4}{3^2 \cdot 2^3}\right)$
L	$\left(25^{\frac{1}{2}} : 5^{-1}\right) \cdot \left(2^6 : 8^2\right)^2$
L	$\dfrac{(\sqrt{13}-\sqrt{3})(\sqrt{13}+\sqrt{3})}{\sqrt{1^3+2^3+3^3}}$

S	$4,\overline{36} : 0,\overline{18}$
I	$17\dfrac{4}{5} : \left(1\dfrac{1}{4} + 3\dfrac{1}{5}\right)$
C	$\dfrac{1}{21} : \dfrac{1}{21} : \dfrac{1}{21}$
H	$\left(1 - \dfrac{1}{2}\right)^{-3}$
E	$\dfrac{999999}{142857} - \dfrac{571428}{142857}$
R	$1 - \cfrac{1}{1 - \cfrac{1}{1 - \cfrac{1}{28}}}$

Abb. 1.6

K 26 ■ *Spiel mit dem Taschenrechner*: Fordern Sie einen Mitspieler auf: „Wähle aus dem Bereich von -2 bis $2\,000$ fünf aufeinanderfolgende Zahlen! Addiere diese Zahlen, und multipliziere die Summe mit der dritten der gewählten fünf Zahlen! Das Ergebnis multipliziere mit 5, und nenne mir das Produkt! Ich sage dir die gewählten fünf Zahlen."

2.

Planimetrie

P 1 ▲ a) Ermitteln Sie den Umfang und den Flächeninhalt eines Kreises mit dem Durchmesser $d = 5,35$ m!
b) Berechnen Sie den Flächeninhalt eines Kreisringes mit den Durchmessern $d_1 = 4,5$ cm und $d_2 = 3,8$ cm!

P2 ▲ Länge und Breite eines Rechtecks verhalten sich wie $5 : 3$. Der Umfang beträgt 48 cm. Wie lang sind die Seiten?

P3 ▲ Ein 15,00 m langer Fahrradschuppen wird gebaut. Die Skizze (Abb. 2.1) zeigt den vereinfachten Querschnitt.

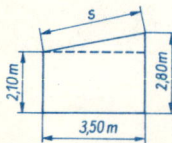

Abb. 2.1

a) Berechnen Sie die Balkenlänge s!
b) Berechnen Sie den Inhalt der Dachfläche!

P4 ▲ Formen Sie die folgende Gleichung nach a um!

$$A = \frac{(a + c) \cdot h}{2}.$$

P5 ▲ Gegeben sind $\overline{ZA} = 3$ cm, $\overline{ZB} = 12$ cm, $\overline{ZC} = 5$ cm (Abb. 2.2).

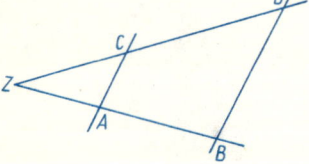

Abb. 2.2

Berechnen Sie die Länge von $\overline{ZD}$!

P6 ▲ Berechnen Sie an Hand der Abb. 2.3 ($g_1 \parallel g_2$) die Größe des Winkels γ, wenn die Winkel $\alpha = 20°$ und $\beta = 60°$ gegeben sind!

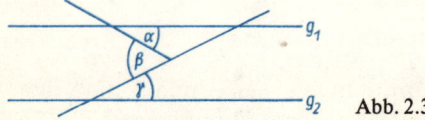

Abb. 2.3

Geben Sie Ihren Lösungsweg an, und begründen Sie Ihre Feststellung über die Größe des Winkels γ!

P 7 ▲   Ein Dreieck soll zentrisch gestreckt werden.
a) Zeichnen Sie in ein Koordinatensystem auf Millimeterpapier (Koordinateneinheit 1 cm) das Dreieck PQR mit $P(2; 1)$, $Q(5; 1)$ und $R(2; 3)$!
b) Zeichnen Sie in dieses Koordinatensystem das Dreieck $P'Q'R'$, das bei der zentrischen Streckung des Dreiecks PQR mit dem Streckungszentrum $Z(0; 0)$ und dem Streckungsfaktor $k = 2$ entsteht!
c) Berechnen Sie den Flächeninhalt A des Dreiecks PQR!
d) Es sei A' der Flächeninhalt des Dreiecks $P'Q'R'$. Geben Sie das Verhältnis $A' : A$ an!

P 8 ▲   Gegeben ist ein Dreieck ABC. Dabei ist
$\sphericalangle BCA = 90°$; $\overline{CD} = h_c = 5{,}2$ cm; $\overline{AD} = q = 3{,}9$ cm.
a) Konstruieren Sie das Dreieck ABC!
b) Berechnen Sie die Länge der Strecke $\overline{AC} = b$!
c) Berechnen Sie die Länge der Strecke $\overline{BD} = p$!

P 9 ▲   a) Zeichnen Sie eine beliebige Strecke $\overline{CD}$, und konstruieren Sie mit Zirkel und Lineal die Mittelsenkrechte dieser Strecke!
b) Zeichnen Sie einen beliebigen Winkel α $(0° < \alpha < 180°)$! Konstruieren Sie die Winkelhalbierende dieses Winkels (mit Zirkel und Lineal)!

P 10 ▲   a) Geben Sie die Größe von δ an, wenn $\gamma = 38°$ ist (Abb. 2.4)!
b) In Abb. 2.5 sei $\gamma = 46°$. Ermitteln Sie δ!

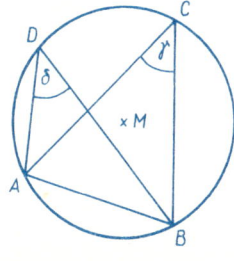

Abb. 2.4

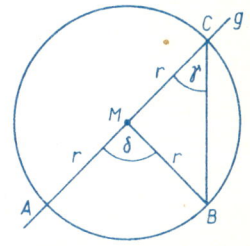

Abb. 2.5

Eine Arbeit, die uns Befriedigung gewährt,
ist gewiß das beste und solideste Glück.

MAXIM GORKI

K 11 ■ Für π sind folgende Näherungswerte angegeben worden:

(1) Archimedes $3\frac{1}{2}$;

(4) Antonisz $3\frac{16}{113}$;

(2) Archimedes $3\frac{10}{71}$;

(5) Tschu-Kong $\frac{355}{113}$;

(3) Dürer $3\frac{1}{8}$;

(6) Ptolemäus $3\frac{17}{120}$.

Welcher dieser Näherungswerte kommt der Zahl π am nächsten?

K 12 ■ Es ist ein rechtwinkliges Dreieck mit der Hypotenuse $c = 8$ cm und der Höhe $h_c = 3$ cm zu konstruieren.
a) Fertigen Sie eine Skizze an, und stellen Sie einen Lösungsplan auf!
b) Führen Sie die Konstruktion aus!
c) Beschreiben Sie die Konstruktion!
d) Begründen Sie, daß die durch die Konstruktion gewonnenen Dreiecke tatsächlich rechtwinklig sind!

K 13 ■ *Rösselsprung unter Verwendung eines Ausspruchs von C. F. Gauß:*

tun	Nichts	ist
et-	tan	zu
ist	übrig	noch
wenn	was	ge-

K 14 ■ Der Flächeninhalt A_1 eines Kreises K_1 beträgt 1 500 dm².
a) Geben Sie den Radius r_1 dieses Kreises an!
b) Bestimmen Sie den Umfang u_1 des Kreises!

K 15 ■ In Abb. 2.6 sind acht Länder (1, 2, 3, 4, 5, 6, 7, 8) skizziert. Wie können wir diese Landkarte mit den vier Farben Rot, Blau, Gelb und Schwarz farbig gestalten, so daß je zwei benachbarte Länder verschieden gefärbt sind?

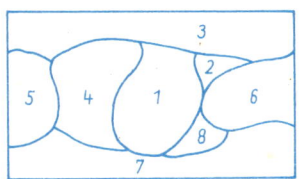

Abb. 2.6

Geben Sie eine solche Färbung an!

K 16 ■ Ein Trapez $ABCD$ ($\overline{AB} \parallel \overline{CD}$) besitzt einen rechten Winkel bei D. Die Längen der Schenkel des Trapezes betragen 45 cm und 53 cm. Die längere der beiden parallelen Seiten $\overline{AB}$ ist 54 cm lang.
a) Welcher Schenkel ist 45 cm und welcher 53 cm lang?
b) Konstruieren Sie das Trapez im Maßstab 1:10!
c) Wie groß ist der Flächeninhalt des Trapezes?

K 17 ■ Gegeben seien ein Quadrat $ABCD$ und eine Gerade g mit dem Punkt P, die durch B parallel zu AC verläuft (Abb. 2.7).

Abb. 2.7

Spiegeln Sie das Quadrat an g, und drehen Sie es dann um P als Drehzentrum im mathematisch positiven Sinn um einen Winkel $\alpha = 60°$!

K 18 ■   Zeichnen Sie ein Quadrat *ABCD* mit 3 cm Seitenlänge!
Ein Punkt *E* auf $\overline{AB}$ liegt von *A*, ein Punkt *F* auf $\overline{AD}$ liegt von *D* jeweils 1 cm entfernt. Zeichnen Sie diese Punkte, und konstruieren Sie das Bild *A'B'C'D'* des Quadrates *ABCD* bei Spiegelung an der Geraden, die durch *E* und *F* verläuft!

K 19 ■   *Eine Aufgabe aus F. C. Mother „Hauptsätze der Elementar Mathematik" (1859):*
Verwandle ein konvexes Fünfeck *ABCDE* in ein flächengleiches Dreieck und dieses in ein flächengleiches Rechteck!

K 20 ■   Gegeben sei ein Winkel mit dem Scheitelpunkt *S* und der Größe 36°.
Konstruieren Sie hieraus unter alleiniger Verwendung von Zirkel und Lineal einen Winkel, dessen Größe 99° beträgt!

K 21 ■   Gesucht ist jeweils die Größe des Winkels α (Abb. 2.8 a, b, c)!

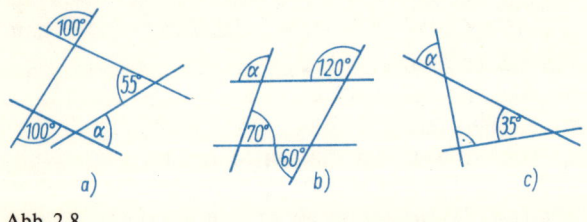

a)   b)   c)

Abb. 2.8

K 22 ■   Konstruieren Sie die wahren Längen $\overline{A_0B_0}$ der Strecken $\overline{AB}$ (Abb. 2.9)!

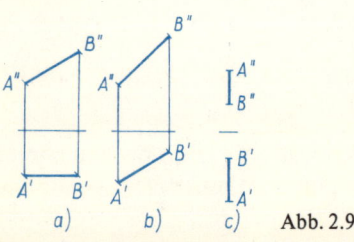

a)   b)   c)   Abb. 2.9

K 23 ■ *Aus einer englischen mathematischen Schülerzeit-schrift:*
Alle abgebildeten Figuren haben eine Fläche von einem Quadratzoll, und jede kann in zwei Teile zerlegt werden, die zusammengefügt ein Quadrat mit der Seitenlänge ein Zoll ergeben.
An welcher Stelle muß jede Figur geteilt werden (Abb. 2.10)?

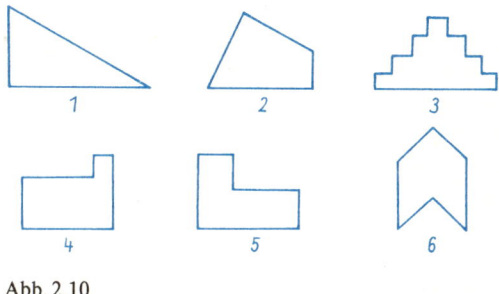

Abb. 2.10

K 24 ■ a) Berechnen Sie den schraffierten Flächeninhalt *A* (Abb. 2.11)!

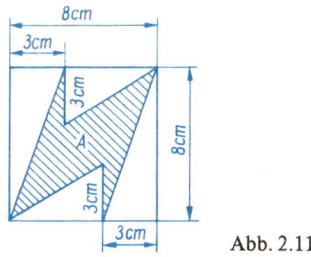

Abb. 2.11

b) Einem Kreis *k* mit dem Radius *r* werden vier kongruente Kreise mit dem Radius *x* so einbeschrieben, daß jeder der vier zwei andere von außen und den Kreis *k* von innen berührt (Abb. 2.12).
Bestimmen Sie *x* und für *r* = 1 cm den Flächeninhalt eines einbeschriebenen Kreises!

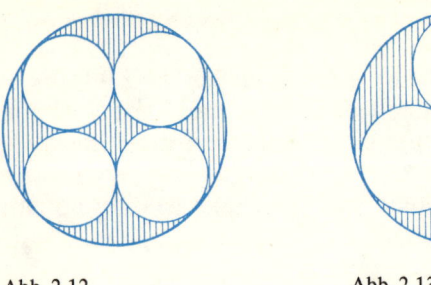

Abb. 2.12   Abb. 2.13

c) Finden Sie eine analoge Lösung für drei einbeschriebene Kreise vom Radius x (Abb. 2.13)!

3.

Lineare Gleichungen und Ungleichungen

P 1 ▲ Lösen Sie die folgende Gleichung, und führen Sie die Probe durch:

$(2x - 5) \cdot (x + 3) = 2x^2 - (3x - 4) + 9 \quad (x \in \mathbb{R}).$

P2 ▲   Gegeben ist die Gleichung $\dfrac{x}{a} - \dfrac{x}{b} = 1$.

Welche Einschränkungen gelten für die Parameter a und b?
Lösen Sie die Gleichung nach x auf, und führen Sie die
Probe durch!

P3 ▲   Ein Drittel einer natürlichen Zahl ist um 3 größer
als ein Viertel der gleichen Zahl.
Bestimmen Sie die gesuchte Zahl mit Hilfe einer Gleichung!

P4 ▲   a) Bestimmen Sie x durch Konstruktion:

$6{,}3 : 4{,}5 = 4{,}2 : x \quad (x \in \mathsf{R})$.

b) Errechnen Sie x!

P5 ▲   Eine Seite eines Rechtecks sei 6 cm lang. Verlängert
man diese Seite um 4 cm und verkürzt zugleich die andere
um 1 cm, so entsteht ein Rechteck mit gleichem Flächeninhalt.
Wie lang ist die andere Seite des ursprünglichen Rechtecks?

P6 ▲   a) Gegeben ist $-5x - 2{,}7 > -12{,}3 - 2x \quad (x \in \mathsf{R})$.
Lösen Sie diese Ungleichung! Geben Sie alle ungeraden na-
türlichen Zahlen an, die diese Ungleichung erfüllen!
b) Für die Elemente x einer Menge M gilt: $15 < x < 20$
$(x \in \mathsf{N})$. Geben Sie alle Elemente von M an! Geben Sie die-
jenige Teilmenge M_1 an, deren Elemente nur die Primzahlen
aus M sind!

P7 ▲   Gegeben ist die Ungleichung

$12 - x > 3(1 + x) + 3 \quad (x \in \mathsf{R})$.

a) Lösen Sie diese Ungleichung!
b) Geben Sie drei gebrochene Zahlen an, die diese Ungleichung erfüllen!
c) Geben Sie durch Aufzählen alle natürlichen Zahlen an,
die diese Ungleichung erfüllen!

P 8 ▲   Gegeben ist die Ungleichung

$2x - (8 - x) < 8(2x + 3) - 5x \quad (x \in \mathsf{R})$.

a) Ermitteln Sie die Lösungsmenge L der Ungleichung!
b) Geben Sie für jede der sechs Zahlen

$-8; \ 3; \ 0; \ -\dfrac{1}{2}; \ -4; \ 5{,}2$

an, ob sie zur Lösungsmenge L gehört oder nicht!

P 9 ▲   Gegeben sind die folgenden Ungleichungen:

(1) $5x + 5 < x + 25$ $(x \in \mathsf{R})$,
(2) $12x - (x - 1) > 5x + 13$ $(x \in \mathsf{R})$.

a) Lösen Sie die Ungleichung (1)! Geben Sie diejenigen Elemente der Lösungsmenge an, die natürliche Zahlen sind!
b) Lösen Sie die Ungleichung (2)! Geben Sie diejenigen Elemente der Lösungsmenge an, die einstellige natürliche Zahlen sind!
c) Die unter a) angegebenen natürlichen Zahlen bilden die Menge M_1, die unter b) angegebenen natürlichen Zahlen die Menge M_2. Geben Sie den Durchschnitt von M_1 und M_2 an!

P 10 ▲   Gegeben ist die lineare Ungleichung

$\dfrac{8(2x + 1)}{5} < 3x + 2$.

a) Lösen Sie diese Ungleichung im Bereich der reellen Zahlen!
b) Geben Sie folgende Mengen durch Aufzählen ihrer Elemente an:
Die Lösungsmenge L_1 obiger Ungleichung im Bereich der natürlichen Zahlen;
die Lösungsmenge L_2 obiger Ungleichung im Bereich der ganzen Zahlen mit $-4 < x < 1$;
die Menge M aller Elemente, die sowohl in L_1 als auch in L_2 vorkommen!

Wenn die Neugier sich auf ernsthafte
Dinge richtet, dann nennt man sie Wissensdrang.

MARIE VON EBNER-ESCHENBACH

K 11 ■ Lösen Sie nach k auf:

a) $a = \dfrac{k}{k+a}$ $\quad (k \neq -a)$, b) $k = \dfrac{k+a}{a}$ $\quad (a \neq 0)$,

c) $\dfrac{k+a}{k-a} = a$ $(k \neq a)$.

K 12 ■ Setzen Sie die natürlichen Zahlen von 1 bis 16 richtig in die Leerfelder des Quadrates ein (Abb. 3.1)!

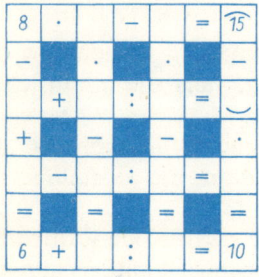

Abb. 3.1

K 13 ■ Marie-Luise fordert ihre Freundin Monika auf: „Merke dir eine von Null verschiedene natürliche Zahl, multipliziere mit 5, addiere zu diesem Produkt 2! Multipliziere die so erhaltene Summe mit 4, und addiere zu diesem neuen Produkt 3! Die nun erhaltene Summe ist noch mit 5 zu multiplizieren! Nenne mir das Ergebnis deiner Rechnung, und ich sage dir, welche Zahl du dir gemerkt hast!"
Begründen Sie, wie Marie-Luise die von Monika gedachte Zahl ermitteln konnte!

K 14 ■ *Aus altägyptischer Zeit:*

Der knapp dargestellte Text lautet: „$\dfrac{2}{3}$ hinzu, $\dfrac{1}{3}$ weg, 10 ist der Rest."

Dies bedeutet: $\left(x + \dfrac{2}{3} x \right) - \dfrac{1}{3} \left(x + \dfrac{2}{3} x \right) = 10$.

Berechnen Sie x!

K 15 ■   Von den natürlichen Zahlen p und q sei bekannt, daß $0 < p < q$ gelte.

a) Ordnen Sie die Zahlen $1, \dfrac{p}{q}, \dfrac{q}{p}$ der Größe nach! Beginnen Sie mit der kleinsten Zahl!

b) Stellen Sie fest, welche der beiden Zahlen $\dfrac{p}{q}$ und $\dfrac{q}{p}$ näher an 1 liegt!

K 16 ■   *Aus A. Burg „Auflösung algebraischer Gleichungen des ersten und zweiten Grades" (1827):*

Gegeben: $6x + \dfrac{17 - 3x}{5} - \dfrac{4x + 2}{3} = 5 + \dfrac{7x + 14}{3}$;   den Werth von x zu finden!

K 17 ■   Ermitteln Sie alle nichtnegativen reellen Zahlen x, die die Gleichung $x + |x - 1| = 1$ erfüllen!

K 18 ■   Das aus einem ungarischen Buch stammende Labyrinth (Abb. 3.2) ist durch das Feld $(+1)$ zu betreten und durch das Feld (-1) zu verlassen. Man darf von einem Feld aus jedes Nachbarfeld betreten, auch die Felder in Diagonalrichtung.

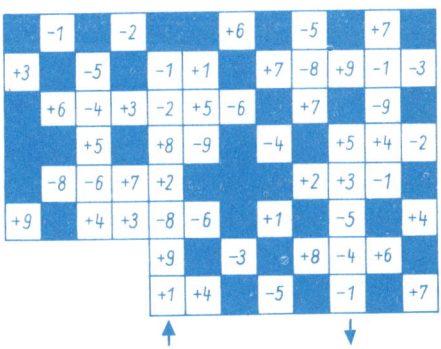

Abb. 3.2

Es ist ein Weg zu finden, bei dem man nur durch Ausführung der Addition bzw. Subtraktion das Endergebnis 0 erhält.

K 19 ■ *Eine Aufgabe aus L. Euler „Vollständige Anleitung zur Algebra" (1770):*
Die Zahl 25 ist so in zwei Summanden zu zerlegen, daß der größere Summand 49mal so groß wie der kleinere Summand ist!

K 20 ■ a) Zum Dreifachen einer Zahl die Zahl 3 addiert ergibt das gleiche wie von der dritten Potenz der Zahl 3 das Dreifache jener Zahl subtrahiert. Bestimmen Sie die Zahl!
b) Zum vierten Teil einer Zahl die Zahl 4 addiert ergibt das gleiche wie vom Vierfachen jener Zahl die Zahl 4 subtrahiert. Bestimmen Sie die Zahl!

K 21 ■ Man ersetze die Buchstaben im Namen von C. F. GAUSS (1777 bis 1855) so durch natürliche Zahlen, daß nachfolgende Bedingungen erfüllt werden:

(1) $C \cdot F \cdot (G + A + U + S + S) + A \cdot U = 1\,777$
(2) $G \cdot A \cdot U \cdot S \cdot S \qquad\qquad = 1\,855$
(3) $G > C > A > U > F > S$

K 22 ■ Gegeben ist die Ungleichung

$$12 - x > \frac{1}{3}(36 - x) - 1.$$

Ermitteln Sie die Lösungsmenge dieser Ungleichung
a) im Bereich der reellen Zahlen,
b) im Bereich der gebrochenen Zahlen,
c) im Bereich der natürlichen Zahlen!

K 23 ■ Ermitteln Sie alle geordneten Paare $[a; b]$ natürlicher Zahlen, für die folgende drei Bedingungen erfüllt sind:

(1) $a < 4$;   (2) $a - b > 0$;   (3) $a + b > 2$.

K 24 ■ Es ist zu untersuchen, ob die Ungleichung
$5^{10} + 6^{10} < 7^{10}$

eine wahre Aussage ist!

4.

Quadratische Gleichungen und Gleichungssysteme

Nicht wurzeln, wo wir stehen,
nein, weiterschreiten.

CHRISTIAN GOTTHILF SALZMANN

P 1 ▲   Gegeben ist die Gleichung

$2x^2 + ax - a^2 = 0$ $(a, \ x \in \mathsf{R})$.

Berechnen Sie x!

P2 ▲   Lösen Sie die folgenden Gleichungen ($x \in \mathbb{R}$):

a) $x^2 - 14x + 45 = 0$,

b) $x^2 - 6x = 0$,

c) $4x^2 = 2 - 7x$,

d) $26 - (x + 3)^2 = (x - 1)^2$,

e) $\dfrac{6x - 2}{2x + 3} = \dfrac{34x^2 + 31x - 8}{16x^2 - 36} - \dfrac{4x + 4}{8x - 12}$,

f) $(4x + 1)(2x - 2) - (x + 0{,}5)(6x - 5) = 3$.

P3 ▲   Gegeben ist die Gleichung

$$x^2 + 4x + q = 0 \quad (q, \; x \in \mathbb{R}).$$

a) Ermitteln Sie die Lösungen dieser Gleichung für $q = 3$!
b) Geben Sie für q eine solche Zahl an, daß die Gleichung eine Doppellösung (zweifache reelle Lösung) hat!

P4 ▲   Gegeben ist die Gleichung

$$x^2 - ax + c = 0 \quad (a, \; c, \; x \in \mathbb{R}).$$

a) Geben Sie für diese Gleichung die Diskriminante an!
b) Geben Sie die Anzahl aller reellen Lösungen der Gleichung für folgende zwei Fälle an:

(1) $a = 0$ und $c = \dfrac{1}{5}$;   (2) $c = \dfrac{a^2}{4}$.

Begründen Sie Ihre Aussagen mit Hilfe der Diskriminante!

P5 ▲   Die Differenz zweier natürlicher Zahlen beträgt 6. Das Produkt dieser beiden Zahlen beträgt 216.
Ermitteln Sie diese beiden natürlichen Zahlen!

P6 ▲   Lösen Sie das folgende Gleichungssystem:

(1) $2x + y = 10$
(2) $6x + 2y = 34$ $(x, \; y \in \mathbb{R})$.

P 7 ▲ Gesucht sind zwei Zahlen. Ihre Summe ist 4. Wird das Dreifache der einen Zahl um das Doppelte der anderen Zahl vermindert, so erhält man 52.
Berechnen Sie die beiden Zahlen!

P 8 ▲ Berechnen Sie die Lösung des folgenden linearen Gleichungssystems in Abhängigkeit vom Parameter a:

(1) $3ax + y = 7a$
(2) $ax + y = 3a$ $\quad (a, x, y \in \mathbb{R}, a \neq 0).$

P 9 ▲ a) Bestimmen Sie x und y:

(1) $x + y = s$
(2) $x - y = t$ $\quad (s, t, x, y \in \mathbb{R}).$

b) Setzen Sie $t = 6$. Für welche Werte von s hat dieses Gleichungssystem dann ganzzahlige Lösungen?

P 10 ▲ Lösen Sie folgendes Gleichungssystem rechnerisch und graphisch:

(1) $x + y = 1$
(2) $3x - 2y = 8$ $\quad (x, y \in \mathbb{R}).$

Ein jeder Mensch begreift und behält dasjenige
im Gedächtnis viel leichter,
wovon er den Grund und Ursprung deutlich einsieht;
und weiß sich auch dasselbe bei allen vorkommenden Fällen
weit besser zu Nutz zu machen.

LEONHARD EULER

K 11 ■ *Eine Aufgabe aus C. Rudolff „Coß" (um 1550):*
Ich habe drei Zahlen, die sich wie $1 : 2 : 4$ verhalten. Die Summe ihrer Quadrate ist 189.
Wie heißen die Zahlen? (Hat diese Aufgabe nur eine Lösung?)

K 12 ■ Berechnen Sie x $\quad (x \in \mathbb{R}):$

a) $x^2 + 10x = -21,$ \qquad b) $x^2 - 986x = -145\,080,$

c) $x^2 - mx + n = 0$ $\quad (m, n \in \mathbb{R}),$

d) $699\,230{,}07 - 3(100x - 31x^2) = 100x(60 + x).$

K 13 ■ Gegeben ist die quadratische Gleichung

$x^2 - 2x + q = 0$ $(q,\ x \in \mathsf{R})$.

Ermitteln Sie alle reellen Zahlen q, für die die Gleichung
a) *keine* reelle Lösung,
b) *eine* reelle Doppellösung,
c) *zwei voneinander verschiedene* reelle Lösungen besitzt!

K 14 ■ Für welche reellen Werte von a haben die Gleichungen

$x^2 + ax + 1 = 0$ und $x^2 + x + a = 0$ $(a,\ x \in \mathsf{R})$

mindestens eine gemeinsame Lösung?

K 15 ■ Lösen Sie die Gleichung

$|3x^2 + 5x| = 2$ $(x \in \mathsf{R})$!

K 16 ■ Sie haben sieben Zahlen mit Ziffern in natürlicher Folge. Ohne die Ziffernfolge zu ändern, sollen die Operationszeichen $+$, $-$, $\cdot$, $:$ oder Klammern so zwischen gewisse Ziffern gesetzt werden, daß jeweils eine richtig gelöste Aufgabe entsteht:

```
1   2   3   =   1
1   2   3   4   =   1
1   2   3   4   5   =   1
1   2   3   4   5   6   =   1
1   2   3   4   5   6   7   =   1
1   2   3   4   5   6   7   8   =   1
1   2   3   4   5   6   7   8   9   =   1
```

K 17 ■ Es sei n eine natürliche Zahl. Das Produkt aus dem Vorgänger und dem Nachfolger von n betrage 483. Um welche natürliche Zahl n handelt es sich?

K 18 ■ Die Summe der Quadrate von vier aufeinanderfolgenden natürlichen Zahlen betrage 630. Wie heißen die betreffenden Zahlen?

K 19 ■   Ermitteln Sie die Lösungsmenge der folgenden Gleichungssysteme ($x, y \in \mathbb{R}$):

a) (1) $5(x + 2) - 3(y + 1) = 23$
   (2) $3(x - 2) + 5(y - 1) = 19,$

b) (1) $\dfrac{2}{x} + \dfrac{9}{y} = \dfrac{73}{70}$

   (2) $\dfrac{7}{x} - \dfrac{3}{y} = \dfrac{83}{70},$

c) (1) $\dfrac{7 - 2x}{5 - 3y} = \dfrac{3}{2}$

   (2) $y - x = 4.$

K 20 ■   Von den drei natürlichen Zahlen x, y und z ist bekannt:
(1) $x = 8;$ (2) z ist um 2 kleiner als y.
(3) Wenn man zum Produkt aus x und y das Quadrat der Zahl z addiert, erhält man 49.
Ermitteln Sie die Zahlen y und z!

K 21 ■   Es sind alle reellen Zahlen a, b, c mit $c \neq 0$ zu ermitteln, die das folgende Gleichungssystem erfüllen:

(1) $a + b + c = 6,$ (2) $\dfrac{ab}{c} = 6,$ (3) $a^2 - b - c = 6.$

K 22 ■   *Ein Gleichungssystem aus der französischen mathematischen Schülerzeitschrift „Sphinx" (1932):*
Gleiche Buchstaben bedeuten gleiche Ziffern. Je eines der vier Zeichen $+, -, \cdot, :$ ist an Stelle der Sterne zu setzen, wobei jedes Zeichen nur einmal vorkommt.

(1) $aab * c = adde,$ (2) $ccc * f = fff,$
(3) $adde * c = \ ccc,$ (4) $fff * g = fhd.$

K 23 ■   *Mit dem Taschenrechner schaffen wir es!*
Es seien n und k natürliche Zahlen, z die Potenz n^k und q die Quersumme von z. Für welche natürlichen Zahlen gilt

$$n^k = z = q^k?$$

Beispiel: $36^4 = 1\,679\,616 = (1 + 6 + 7 + 9 + 6 + 1 + 6)^4.$

Es sind mindestens zehn Lösungen zu finden!

K 24 ■ *Aus der mathematischen Schülerzeitschrift „alpha":*
Setzen Sie für die Buchstaben Ziffern ein! Dabei bedeuten
innerhalb jeder Aufgabe gleiche Buchstaben gleiche Ziffern.

a) $AX^3 = ALPHA$,   b) $\sqrt{ALPHA} = HHA$,

c) $PPP \cdot PPP = ALPHA$,   d) $(XY)^Y = ALPHA$

$\qquad\qquad\qquad\qquad\qquad\quad X + Y = A$.

K 25 ■ *Kreuzworträtsel mit dem Taschenrechner (Abb. 4.1):*

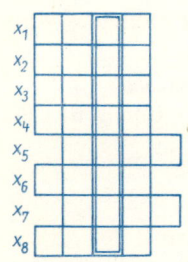

Abb. 4.1

1. $x_1 = \sqrt{\dfrac{78\,292}{\sqrt{676} + 11} + 3(589 + 3 \cdot 230)}$;

2. $\sqrt{\sqrt{x_2 - 420} + 5\,115} = 72$;

3. $x_3 = 7 \cdot 10 + 7^2 + 83^2$;

4. $x_4^2 - 8\,424x_4 - 2\,752\,785 = 0$, $x_4 > 0$;

5. $x_5 = (2^3 + 2 + 3) \cdot (3^2 + 2 \cdot 3) \cdot (4^2 + 3)$;

6. $(x_6 - 4\,213)^2 = 93\,636$, $x_6 < 4\,000$;

7. $x_7 = 10^2 \cdot \sqrt{529} + 60 \cdot \left(100 + \dfrac{1}{4}\right)$;

8. $\sqrt{50} : 46\,575 = \sqrt{2} : x_8$.

Die Aufgaben sind mit dem Taschenrechner zu rechnen.
Dreht man ihn um 180°, so wird ein Wort lesbar, das dann
einzutragen ist. Die markierte Senkrechte ergibt eine Naturwissenschaft: $n = \left(\sqrt{8\,981^2 + 215\,688} + 8\right)^2 - 49\,110\,983$.

5.

Beweise

P 1 ▲   Vermindert man das Quadrat einer ungeraden natürlichen Zahl um 1, so ist diese Differenz stets durch 4 teilbar.

a) Wählen Sie eine ungerade Zahl, und zeigen Sie, daß die Aussage für die Zahl gültig ist!

b) Geben Sie unter Verwendung der Variablen n $(n \in \mathsf{N})$ eine allgemeine Darstellung einer ungeraden natürlichen Zahl an!

c) Beweisen Sie, daß obenstehende Aussage für jede ungerade natürliche Zahl gültig ist!

P2 ▲ a) n sei eine beliebige natürliche Zahl. Geben Sie mit Hilfe von n die nächsten beiden auf n folgenden natürlichen Zahlen an!

b) Beweisen Sie folgenden Satz:
Die Summe von drei aufeinanderfolgenden natürlichen Zahlen ist stets durch 3 teilbar.

P3 ▲ Zeigen Sie, daß folgende Aussage falsch ist:
Die Summe von fünf aufeinanderfolgenden natürlichen Zahlen ist immer durch 10 teilbar.

P4 ▲ Gegeben ist ein gleichschenkliges Dreieck ABC mit der Basis $\overline{AB}$. Der Mittelpunkt des Schenkels $\overline{BC}$ sei D, der Mittelpunkt des Schenkels $\overline{AC}$ sei E.

a) Fertigen Sie hierzu eine Skizze an, und verbinden Sie A mit D und B mit E!

b) Beweisen Sie, daß die Dreiecke ABD und EAB zueinander kongruent sind!

P5 ▲ Gegeben ist ein rechtwinkliges Dreieck ABC mit dem Winkel $\sphericalangle CAB = \alpha = 90°$.

a) Zeichnen Sie ein solches Dreieck! Zeichnen Sie in dieses Dreieck die Höhe h_a ein! Bezeichnen Sie den Fußpunkt der Höhe mit D!

b) Beweisen Sie, daß die Dreiecke ABC und ABD einander ähnlich sind!

P6 ▲ a) Konstruieren Sie ein gleichseitiges Dreieck mit beliebiger Seitenlänge a, und zeichnen Sie eine Höhe h ein!

b) Leiten Sie die Gleichung $h = \dfrac{a}{2}\sqrt{3}$ ohne Benutzung trigonometrischer Beziehungen her!

c) Leiten Sie die Beziehung $\sin 60° = \dfrac{1}{2}\sqrt{3}$ her!

P7 ▲ In einem Quadrat $ABCD$ ist M der Mittelpunkt der Strecke $\overline{BC}$, und N ist der Mittelpunkt der Strecke $\overline{CD}$.

a) Zeichnen Sie die Figur!

b) Beweisen Sie, daß die Strecken $\overline{AM}$ und $\overline{AN}$ die gleiche Länge haben!

P 8 ▲   Durch den Mittelpunkt M eines Kreises verlaufen zwei Geraden g_1 und g_2, die nicht senkrecht aufeinanderstehen. Die Gerade g_1 schneidet den Kreis in den Punkten A und B. Die Gerade g_2 schneidet den Kreis in den Punkten C und D. Verbindet man A mit C und B mit D, so entstehen die Dreiecke MAC und MBD.
a) Entwerfen Sie eine Skizze!
b) Beweisen Sie mit Hilfe eines Kongruenzsatzes, daß die Dreiecke MAC und MBD kongruent sind!

P 9 ▲   Die Abb. 5.1 zeigt zwei Kreise mit den Mittelpunkten M_1 und M_2, die einander in den Punkten A und B schneiden.

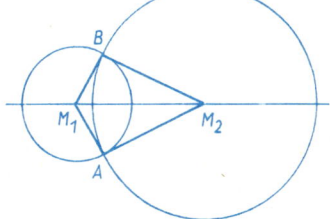

Abb. 5.1

a) Beweisen Sie unter der Benutzung eines Kongruenzsatzes, daß die Dreiecke M_1AM_2 und M_2BM_1 einander kongruent sind!
b) Was folgt aus der Kongruenz der Dreiecke M_1AM_2 und M_2BM_1 für die Winkel $\sphericalangle M_1AM_2$ und $\sphericalangle M_2BM_1$?

P 10 ▲   In einem Kreis sind $\overline{AB}$ und $\overline{CD}$ zwei Durchmesser, die aufeinander senkrecht stehen (Abb. 5.2).

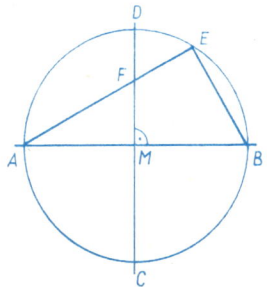

Abb. 5.2

a) Begründen Sie, warum das Dreieck *ABE* rechtwinklig ist!

b) Im Viereck *MBEF* sei $\sphericalangle\, MBE = 70°$. Berechnen Sie die Größe des Winkels $\sphericalangle\, EFM$!

c) Beweisen Sie, daß die Dreiecke *ABE* und *AMF* einander ähnlich sind!

> *Um etwas richtig zu machen,*
> *muß man herausfinden,*
> *was man dazu nicht braucht.*
>
> JAMES WATT

K 11 ■ *Eine Aufgabe des griechischen Mathematikers Archimedes:*

Die Abb. 5.3 zeigt einen Kreissektor mit dem Zentrum *O* und dem Radius *r*, dessen Sehne $\overline{AB} = \overline{AO} = \overline{BO}$ ist, und einem Halbkreis mit $\overline{AB}$ als Durchmesser. *P* sei die Fläche des Dreiecks *ABO*, *Q* die Fläche des Kreissegmentes und *R* die Fläche des Möndchens.

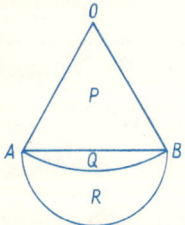

Abb. 5.3

Beweisen Sie, daß gilt: $P + Q = \dfrac{1}{6}\,\pi r^2$, $\quad Q + R = \dfrac{1}{8}\,\pi r^2$,

$P - R = \dfrac{1}{24}\,\pi r^2$ und $3P = Q + 4R$!

K 12 ■ Es ist zu beweisen, daß sich der Term

$2a^2 + 2b^2 \quad (a, b \in \mathsf{N})$

als Summe zweier Quadrate natürlicher Zahlen darstellen läßt!

K 13 ■ Gegeben sei folgende Aussage:
Es gilt stets: Wenn a und b zwei nichtnegative reelle Zahlen sind, so ist $\sqrt{ab} \leqq \dfrac{a+b}{2}$.

a) Beweisen Sie die Wahrheit dieser Aussage!
b) Weisen Sie nach, warum die Voraussetzung „a und b sind zwei nichtnegative reelle Zahlen" erfüllt werden muß!
c) Geben Sie eine Bedingung dafür an, daß das Gleichheitszeichen gilt!

K 14 ■ Beweisen Sie die Identität:

$$\frac{1}{\sqrt{6}-\sqrt{5}} = \frac{3}{\sqrt{5}-\sqrt{2}} + \frac{4}{\sqrt{6}+\sqrt{2}}.$$

K 15 ■ Ermitteln Sie, wie viele Möglichkeiten es gibt, in der abgebildeten Figur (Abb. 5.4) das Wort INSERAT auf verschiedene Weise von links oben nach rechts unten zu lesen.

I	N	S	E	R
N	S	E	R	A
S	E	R	A	T

Abb. 5.4

K 16 ■ Ortrud behauptet: Es sei z eine beliebige dreistellige natürliche Zahl, und z' sei jene Zahl, die sich aus z durch Umkehrung der Ziffernfolge ergibt. Dann ist $|z - z'|$ durch 99 teilbar.
Beweisen Sie diese Behauptung!

K 17 ■ Eine Umkehrung des Höhensatzes lautet:
Wenn eine Seite eines Dreiecks durch die zugehörige Höhe h in zwei Abschnitte p und q geteilt wird und $h^2 = p \cdot q$ gilt, so ist das Dreieck rechtwinklig, und p und q sind die Hypotenusenabschnitte.
Beweisen Sie, daß diese Umkehrung des Höhensatzes eine wahre Aussage ist!

K 18 ■   In dem abgebildeten gleichseitigen Dreieck *ABC* (Abb. 5.5) wurden von einem inneren Punkt *D* der Seite $\overline{AB}$ die Lote auf die Seiten $\overline{BC}$ und $\overline{AC}$ gefällt und deren Fußpunkte mit *E* und *F* bezeichnet.

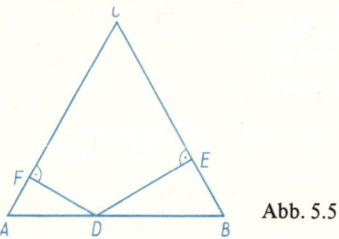

Abb. 5.5

Weisen Sie nach, daß die Summe $\overline{ED} + \overline{FD}$ konstant und gleich der Länge einer Dreieckshöhe ist!

K 19 ■   Beweisen Sie, daß jedes Viereck *ABCD*, in dem die Innenwinkel ∢ *ABC*, ∢ *BCD* und ∢ *CDA* die Größen 2α, 3α bzw. 4α haben (wobei α die Größe des Innenwinkels ∢ *DAB* bezeichnet), ein Trapez ist!

K 20 ■   Beweisen Sie folgenden Satz:
Im Tangentenviereck ist die Summe der Längen je zweier gegenüberliegender Seiten gleich der Summe der Längen der beiden anderen Seiten.

K 21 ■   Die Abb. 5.6 stellt einen Streifen dar, der von den parallelen Geraden *g* und *h* gebildet wird. Auf der Geraden *g* sind drei Punkte *A*, *B* und *C*, auf der Geraden *h* drei Punkte *D*, *E* und *F* so festgelegt, wie in der Abbildung angegeben, und es gilt außerdem $\overline{AB} = \overline{EF}$ und $\overline{BC} = \overline{DE}$.

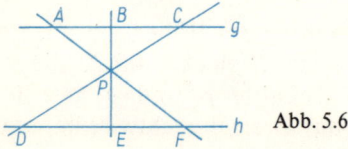

Abb. 5.6

Beweisen Sie, daß sich die drei Verbindungsgeraden *AF*, *BE* und *CD* in genau einem Punkt *P* schneiden!

K 22 ■ *Der ehemalige Obertertianer (9. Klasse) J. Klein aus Opole fand im Jahre 1937 folgenden Satz:*
Zeichnet man über den Seiten eines beliebigen Dreiecks *ABC* nach außen die Quadrate und verbindet man je zwei benachbarte Ecken der Quadrate miteinander, so entstehen drei Dreiecke, die dem ursprünglichen Dreieck *ABC* inhaltsgleich sind (Abb. 5.7).
Dieser Satz ist zu beweisen!

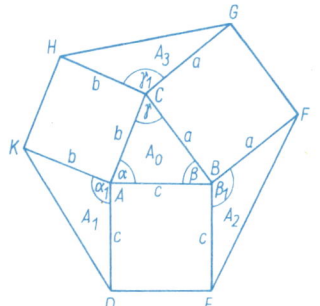

Abb. 5.7

K 23 ■ Zeigen Sie, daß die Summe von vier aufeinanderfolgenden natürlichen Zahlen niemals ein Vielfaches von 4 sein kann!

K 24 ■ Zerlegen Sie die abgebildete Rechtecksfläche (Abb. 5.8) in sechs Teilflächen, die zwar unterschiedliche Formen haben können, aber alle aus jeweils drei Quadratkästchen bestehen sollen!
Finden Sie mindestens sechs Möglichkeiten!

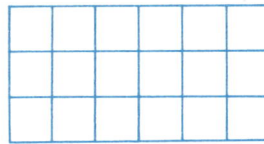

Abb. 5.8

K 25 ■ Berechnen Sie die Summe der ungeraden Zahlen von
a) 1 bis einschließlich 99,
b) 1 bis einschließlich $2n - 1$!

K 26 ■ *Kreuzzahlrätsel:* Tragen Sie die Lösungen der folgenden Aufgaben (durch * gekennzeichnet) in die Abb. 5.9 ein!

Abb. 5.9

Waagerecht: 1. $x^5 \cdot x^{10} = x^*$; 3. $2^7 = *$; 6. $(8^2 \cdot 10) + 1 = *$; 8. $a^4 \cdot a^4 \cdot a^4 = a^*$; 9. $7 \cdot 3^2 = *$; 11. $c^{94} \cdot c^{25} = c^*$; 14. $(3^2)^2 = *$; 15. $(6 \cdot 2)^2 + 5 = *$.

Senkrecht: 1. $4^2 = *$; 2. $x^9 \cdot x^9 \cdot x^9 \cdot x^9 \cdot x^9 \cdot x^9 = x^*$; 4. $(y^3)^7 = y^*$; 5. $p^{1000} : p^{177} = p^*$; 7. $13^2 = *$; 10. $a^5 \cdot a^{-2} \cdot a^3 \cdot a^{-3} = a^*$; 11. $(a^6)^3 = a^*$; 12. $a^6 \cdot a^{15} : a^{10} = a^*$; 13. $2^2 \cdot 6 = *$.

6.

Text- und Sachaufgaben

Vielleicht läßt sich eine weitschweifige
Materie durch nichts kürzer erschöpfen,
als durch Beyspiele.

WILHELM LUDWIG WEKHRLIN

P 1 ▲ Ein Tieflader transportiert zu einer Baustelle zwei
Arten von Deckplatten, kurze und lange. Bei einer Beladung
mit 5 langen und 9 kurzen Platten transportiert er insgesamt
eine Masse von 40,0 t. Wenn er mit 9 langen und 3 kurzen
Platten beladen ist, transportiert er 39,0 t.
Berechnen Sie die Masse einer langen und die einer kurzen
Deckplatte!

P2 ▲ Ein LKW hat einen Normverbrauch von 25,0 l Kraftstoff auf 100 km.

a) Berechnen Sie daraus den Kraftstoffverbrauch für eine monatliche Fahrstrecke von 8 000 km!

b) Durch eine kraftstoffsparende Fahrweise werden je 100 km durchschnittlich nur 23,8 l Kraftstoff verbraucht. Wieviel Liter Kraftstoff werden je 100 km eingespart?

c) Wieviel Prozent Kraftstoff werden auf diese Weise eingespart?

d) Wieviel Liter Kraftstoff können dadurch bei der monatlichen Fahrstrecke von 8 000 km eingespart werden?

P3 ▲ Mit sechs Kartoffelvollerntemaschinen gleichen Typs wird in 40 Stunden ein 48 ha großes Feld abgeerntet.

a) Insgesamt wurden dabei 9 600 dt Kartoffeln geerntet. Berechnen Sie den Ertrag pro Hektar!

b) Berechnen Sie die Größe der Fläche, die von einer Maschine in einer Stunde abgeerntet wurde!

c) Welche Zeit hätte man beim Einsatz von acht solchen Maschinen gebraucht?

d) In welcher Gesamtzeit hätte dieses Feld abgeerntet werden können, wenn man nach einem fünfzehnstündigen Einsatz dieser acht Maschinen noch zwei solche Maschinen zusätzlich eingesetzt hätte?

P4 ▲ Zur optimalen Auslastung des Transportraums bei der Beförderung von Speisekartoffeln setzt die Eisenbahn Zielzüge ein. In einem solchen Zug laufen zwei Waggontypen mit einer Ladefähigkeit von 20 t bzw. 24 t Speisekartoffeln. Der Zug besteht aus 33 Waggons. Er befördert insgesamt 720 t Speisekartoffeln.
Berechnen Sie, wieviel Waggons des jeweiligen Typs in diesem Zielzug eingesetzt sind!

P5 ▲ In einem Maschinenbaubetrieb wird ein Schweißroboter eingesetzt.

a) Die bisherige Tagesproduktion von 425 Teilen konnte dadurch um 84,0 % gesteigert werden. Wieviel Teile werden nun täglich gefertigt?

b) Die Herstellkosten je Stück sanken dadurch von ursprünglich 8,60 Mark auf 6,90 Mark. Auf wieviel Prozent wurden die Herstellkosten gesenkt?

P6 ▲ In einem Betrieb ist ein Bauteil in großer Stückzahl zu bearbeiten.

a) Für 200 dieser Bauteile entstehen Kosten von 2 600,00 Mark. Berechnen Sie daraus die Kosten für die Bearbeitung eines solchen Teiles!

b) Ein Rationalisierungsvorschlag sieht den Einbau einer Vorrichtung vor. Dadurch können die Kosten für die Bearbeitung eines Teiles auf 9,00 Mark gesenkt werden. Es entstehen aber einmalige Kosten von 250,00 Mark für den Einbau der Vorrichtung.

Wieviel Mark werden bei der Bearbeitung eines Teiles eingespart, wenn die Vorrichtung eingebaut ist?

Berechnen Sie die Gesamtkosten für den Einbau der Vorrichtung und die Bearbeitung von 200 Teilen nach dem Rationalisierungsvorschlag!

c) Berechnen Sie, um wieviel Prozent die Gesamtkosten für den Einbau der Vorrichtung und die Bearbeitung von 200 Teilen geringer sind als die Kosten im Fall a)!

d) Wieviel Teile müssen mindestens bearbeitet werden, damit die erzielte Einsparung größer ist als die einmaligen Kosten für den Einbau der Vorrichtung?

P7 ▲ Uwe und Karsten haben den gleichen Schulweg. Uwe fährt mit seinem Fahrrad mit einer Durchschnittsgeschwindigkeit von 15 km/h, Karsten geht zu Fuß mit einer Geschwindigkeit von 5 km/h. Wenn Karsten 20 min vor Uwe von daheim weggeht, sind sie gleichzeitig in der Schule.

Welche Zeit benötigen sie für den Schulweg, und wieviel Kilometer beträgt der Schulweg?

P8 ▲ Im Stadtzentrum Berlins erscheint von einem Punkt P aus der Fernsehturm hinter dem Hotel „Stadt Berlin" so, daß die Punkte P, A und B auf einer Geraden liegen (Abb. 6.1). Die Längen der Strecken betragen näherungsweise $\overline{PH} = 200$ m, $\overline{PF} = 600$ m, $\overline{FB} = 360$ m.

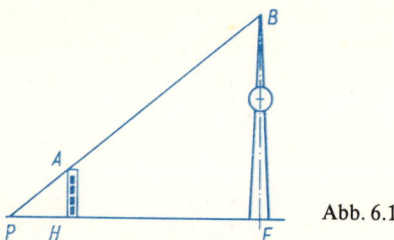

Abb. 6.1

a) Ermitteln Sie näherungsweise die Höhe $\overline{HA}$ des Hotels! Wählen Sie einen geeigneten Maßstab!

b) Ermitteln Sie die Höhe des Hotels auch rechnerisch!

P9 ▲   Aus einem rechteckigen Blech mit den Seitenlängen 50 cm und 20 cm soll ein oben offener quaderförmiger Kasten entstehen. Dazu schneidet man an den vier Ecken Quadrate mit der Seitenlänge x cm heraus (Abb. 6.2). Das schraffierte Rechteck mit den Seitenlängen a und b ist die Grundfläche des Kastens.

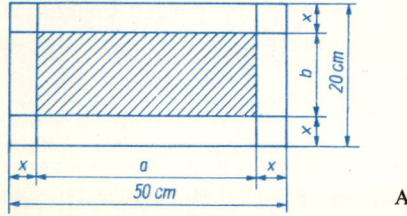

Abb. 6.2

a) Berechnen Sie den Inhalt der Grundfläche für $x = 1{,}5$ cm!

b) Wie groß muß x sein, damit der Inhalt der Grundfläche 400 cm² beträgt? Geben Sie für diesen Fall a und b an!

P 10 ▲   Ein Balken hat einen quadratischen Querschnitt. Die Diagonale des Querschnitts ist 5 cm länger als die Seite.
Berechnen Sie die Länge der Diagonale!

*Jeder Erfolg unseres Wissens stellt
mehr Probleme auf, als er löst.*

LOUIS VICTOR DE BROGLIE

K 11 ▪ *Eine Aufgabe aus L. Euler „Vollständige Anleitung zur Algebra" (1770):*
Ein Amtmann kauft Pferde und Ochsen für insgesamt 1 770 Taler. Er zahlt für ein Pferd 31 Taler, für einen Ochsen aber 21 Taler.
Wieviel Pferde und wieviel Ochsen sind es gewesen? Hat diese Aufgabe mehrere Lösungen?

K 12 ▪ *Eine Aufgabe aus J. C. Schäfer „Die Wunder der Rechenkunst" (1831):*
Ein junger Hirt ließ mit Freuden
1 008 Schafe weiden,
bis daß der Sonne letzter Strahl
entwich aus seinem grünen Thal,
und grauer Abend war geworden.
Jetzt führte er sie in 12 Horden,
doch so, daß jegliche zwei mehr
enthielt, als das nächstvor'ge Heer.
Sag, wieviel in die erste kommen,
und jede and're aufgenommen?

K 13 ▪ Mit zwei Baggern wird eine Arbeit in 12 Tagen ausgeführt. Mit dem ersten Bagger allein würde sie 20 Tage dauern.
In wieviel Tagen würde sie mit dem zweiten allein ausgeführt werden können?

K 14 ▪ Johannes wird von seinen Eltern nach dem Ergebnis der letzten Mathematikarbeit gefragt. Er weiß, daß 5 Schüler die Note 1, 8 Schüler die Note 2, 4 Schüler die Note 4 und die übrigen Schüler die Note 3 erhielten. Außerdem erinnert er sich noch, daß die Durchschnittsnote genau 2,5 betrug.
Wieviel Schüler haben die Arbeit mitgeschrieben?

K 15 ■ Die Fischer Adam, Bauer, Christiansen und Dahse (abgekürzt *A*, *B*, *C*, *D*) wiegen nach dem Fischen ihre Ausbeute und stellen fest:

(1) *D* fing mehr als *C*.

(2) *A* und *B* fingen zusammen genausoviel wie *C* und *D* zusammen.

(3) *A* und *D* fingen zusammen weniger als *B* und *C* zusammen.

Ordnen Sie die Fangergebnisse *a*, *b*, *c*, *d* der Fischer *A*, *B*, *C*, *D* der Größe nach!

K 16 ■ *Heron von Alexandria stellte folgende Aufgabe:*
Eine Zisterne von 12 Raumeinheiten erhält Wasser durch zwei Röhren, deren eine in jeder Stunde eine, deren andere in jeder Stunde vier Einheiten liefert.
In welcher Zeit wird die Füllung der Zisterne von beiden Röhren gemeinsam bewirkt?

K 17 ■ Wir bauen uns ein Minischachbrett mit $3 \times 4 = 12$ Feldern (Abb. 6.3). Es stehen sich 3 weiße und 3 schwarze Springer gegenüber. Nun sollen mit möglichst wenigen Zügen die weißen und die schwarzen Springer ihre Plätze tauschen. Die Springer ziehen so, wie es beim Schachspiel üblich ist.

Abb. 6.3

Ist es möglich, diese Aufgabe in 16 Zügen zu lösen?

K 18 ■ *Aus einem russischem Unterhaltungsbuch (1908):*
In einer Bibliothek hat jemand die Reihenfolge der Bände eines Lexikons durcheinandergebracht (Abb. 6.4).

Abb. 6.4

Der Bibliothekar ordnet sie mit drei Griffen, wobei er jeweils zwei Bände gleichzeitig ergreift.
Wie hat er das gemacht?

K 19 ▪️ *Mit dem Taschenrechner*:
Für Sparguthaben bekommt man von der Sparkasse jährlich $3\frac{1}{4}$ % Zinsen. Der große Bruder von Anja hat an einem 1. Januar ein Guthaben von 800 Mark auf seinem Sparbuch.
Wieviel Jahre muß Anjas Bruder warten, damit sich dieses Guthaben allein durch die jährlichen Zinsen verdoppelt? (Er will in dieser Zeit kein Geld von diesem Guthaben abheben.)

K 20 ▪️ Bei einem Einkauf wurde der Preis von 170 Mark mit genau 12 Geldscheinen bezahlt. Jeder dieser Geldscheine war ein 10-Mark-Schein oder ein 20-Mark-Schein. Ermitteln Sie die Anzahl der 10-Mark-Scheine und die der 20-Mark-Scheine, die zum Zahlen der angegebenen Summe verwendet wurden!

K 21 ▪️ *Eine Aufgabe aus dem Rechenbuch „Auf der Feder unnd Linien/gantz leicht" von J. Albert, Rechenmeister zu Wittenberg (1729)*:
Es reisen zwei Gesellen zugleich von Wittenberg nach Spanien. Der eine läuft jeden Tag sieben Meilen, und der andere läuft am ersten Tag eine Meile, am nächsten Tag zwei, am dritten Tag drei Meilen und so fortsetzend, jeden Tag eine Meile mehr.
Es ist die Frage zu beantworten, in wieviel Tagen diese zwei Gesellen zusammenkommen.

$\left(\begin{array}{l}\textit{Hinweis}\text{: Man benutze die Beziehung}\\[4pt]1 + 2 + \ldots + n = \dfrac{n(n+1)}{2}\,.\end{array}\right)$

K 22 ▪️ *Ganz in Familie*: In den vier Schemata sind jeweils die Buchstaben durch Ziffern so zu ersetzen, daß richtig gelöste Additionsaufgaben entstehen (Abb. 6.5). Dabei bedeuten jeweils gleiche Buchstaben gleiche Ziffern, verschiedene Buchstaben verschiedene Ziffern.

$$
\begin{array}{ccc}
\text{1) } EVE & \text{2) } \quad VATER & \text{3) } \quad OPA \\
\underline{+EVE} & \underline{+MUTTER} & \underline{+OMA} \\
ADAM & ELTERN & PAAR
\end{array}
$$

$$\text{4) } ICH + DU + ER + SIE + ES = WIR$$

Abb. 6.5

K 23 ◼ *Eine Aufgabe aus J. C. Schäfer „Die Wunder der Rechenkunst" (1831):*

Ein Gäns'rich watschelte in Ruh
In einem Erlgesträuche,
Da flog ein Gänseschwarm hinzu
Von einem nahen Teiche.
Der Gäns'rich sprach: „Ich grüß euch schön!
Fürwahr, ich bin verwundert,
Euch insgesamt allhier zu seh'n,
Ihr seid gewiß an Hundert!"
Ein kluges Gänschen d'rauf versetzt:
„Wird viel zu Hundert fehlen!
Du hast zu hoch die Zahl geschätzt,
D'rum magst du selbst nun zählen.
Verdopple uns're Zahl, dann sei
Die Hälfte noch gewonnen;
Ein Viertel und Du, Freund, dabei,
Wirst Hundert dann bekommen."
Das kluge Gänslein flog geschwind
Zu den verlass'nen Schaaren;
Du aber sage, liebes Kind,
Wieviel es Gänse waren?

K 24 ◼ Drei Sportler starteten gleichzeitig und liefen 100 m. Als der erste am Ziel war, hatte der zweite noch genau 10 m zu laufen. Als der zweite am Ziel war, blieben dem dritten noch genau 10 m.
Wie weit war der dritte noch vom Ziel entfernt, als der erste es erreicht hatte? (Es sei angenommen, daß jeder der drei Sportler die genannte Strecke mit konstanter Geschwindigkeit durchlief.)

K 25 ■   *Aus einem Schweizer Lehrbuch*:
Der Minutenzeiger einer Uhr ist 2 cm lang, der Stundenzeiger 1,5 cm.
Wievielmal so groß ist die Geschwindigkeit der Spitze des Minutenzeigers im Vergleich zur Geschwindigkeit der Spitze des Stundenzeigers?

K 26 ■   *Zwei Spiele mit dem Taschenrechner*:
a) *Zielrechnen*: Die Mitspieler vereinbaren, daß jeder eine Zahl nennt, deren Quadrat zwischen 73 und 75 liegt.
Die einzelnen genannten Zahlen werden jeweils mit dem Taschenrechner quadriert und geprüft, ob die Bedingung erfüllt ist. Der Mitspieler, dessen Zahl ein „Treffer" ist, bekommt einen Punkt. Danach wird ein neues Intervall vereinbart, usw.
Sieger ist, wer nach 10 „Runden" die meisten Treffer hat.

Spiel-Schema:

Intervall		Andrea			Mathias		
von	bis	Zahl Z	Z^2	richtig	Zahl Z	Z^2	richtig
73	75	8,7	75,69	–	8,6	73,96	×
103	108	10,2	104,04	×	10,1	102,01	–
usw.							

Es empfiehlt sich, daß vor der Prüfung auf einen „Treffer" alle Mitspieler ihre „vermuteten" Zahlen sagen. Dadurch hat keiner die Möglichkeit, aus den Fehlern der anderen Mitspieler seine Zahl schnell noch zu korrigieren.
b) *Zahlen fangen*: Die Mitspieler vereinbaren eine Zahl und eine Intervallänge. Dann soll jeder ein Intervall angeben, in dem das Quadrat der vereinbarten Zahl liegen könnte.
Beispielsweise wird die Zahl 17,6 vereinbart, und die Intervallänge soll 5 sein. Dann werden eine neue Zahl und ein neues Intervall vereinbart.

Spiel-Schema:

Zahl		Andrea			Mathias			Intervall-länge
Z	Z^2	Intervall		richtig	Intervall		richtig	
17,6	309,76	305	310	×	300	305	–	5
43	1 849	1 800	1 820	–	1 830	1 850	×	20
	usw.							

Auch hierbei nennen erst alle Spieler ihre Intervalle, in denen sie die richtige Zahl vermuten. Erst dann wird die richtige Zahl ermittelt.

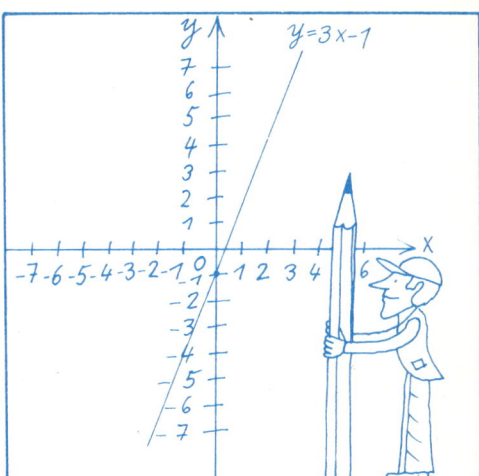

7.

Lineare, quadratische und trigonometrische Funktionen

*Ich habe die Unart, ein lebhaftes Interesse
bei mathematischen Gegenständen nur dann zu nehmen,
wo ich sinnreiche Ideenverbindungen
und durch Eleganz oder Allgemeinheit
sich empfehlende Resultate ahnen darf.*

CARL FRIEDRICH GAUSS

P 1 ▲ Durch die Gleichung $y = 3x - 1$ $(x \in \mathbb{R})$ ist eine Funktion gegeben; ihr Graph ist eine Gerade g. Geben Sie die Gleichung einer anderen linearen Funktion an, deren Graph parallel zu der Geraden g verläuft!

P 2 ▲   Eine Funktion ist gegeben durch

$$y = \frac{1}{2}x - 3 \quad (x \in \mathbf{R}).$$

a) Zeichnen Sie den Graph dieser Funktion, und bezeichnen Sie ihn mit g_1!
b) Berechnen Sie die Nullstellen dieser Funktion!
c) Zeichnen Sie die Gerade g_2, die durch den Punkt P (0; 2) parallel zu g_1 verläuft!
d) Die Gerade g_2 schneidet die x-Achse im Punkt Q. Geben Sie die Koordinaten von Q an!
e) Geben Sie die Gleichung der durch g_2 dargestellten Funktion an!

P 3 ▲   a) Zeichnen Sie die Gerade g_1 mit der Gleichung $y = x$!
b) Tragen Sie in dasselbe Koordinatensystem die Punkte A (2; 2) und B (0; −2) ein, und zeichnen Sie die Gerade g_2, die durch diese Punkte verläuft!
c) Geben Sie für die Gerade g_2 die Gleichung der zugehörigen Funktion an!
d) Zeichnen Sie die Gerade g_3, die durch den Punkt C (0; −6) parallel zu g_2 verläuft!
e) Wie groß ist der Streckungsfaktor k bei einer zentrischen Streckung mit dem Streckungszentrum O, wenn $\overline{OC}$ die Bildstrecke von $\overline{OB}$ ist?

P 4 ▲   Gegeben ist das Gleichungssystem

(1) $y = 3x + 3$
(2) $y = -x + 7$ $(x \in \mathbf{R}).$

a) Lösen Sie dieses System rechnerisch!
b) Betrachten Sie jede Gleichung des Systems als Gleichung einer linearen Funktion! Stellen Sie die beiden Funktionen in ein und demselben Koordinatensystem graphisch dar!
c) Der Schnittpunkt der beiden Graphen sei S. Der eine Graph schneidet die x-Achse im Punkt Q, der andere Graph schneidet die x-Achse im Punkt R.

Ermitteln Sie den Flächeninhalt des Dreiecks *QRS* (in Quadratzentimeter)!

P 5 ▲   Durch die Gleichung

$$y = x^2 - 5x + \frac{9}{4} \quad (x \in \mathsf{R})$$

ist eine Funktion gegeben.
a) Vervollständigen Sie die zu dieser Funktion gehörende Wertetabelle!

x	-1	0	1	3	5
y					

b) Berechnen Sie die Nullstellen dieser Funktion!
c) Der Graph dieser Funktion ist eine Parabel. Ermitteln Sie die Koordinaten ihres Scheitelpunktes!
d) Zeichnen Sie diese Parabel mindestens im Intervall $0 \leq x \leq 5$!

P 6 ▲   a) Durch $y = f(x) = x^2 - 2 \quad (x \in \mathsf{R})$ ist eine Funktion f gegeben. Zeichnen Sie den Graph der Funktion f im Intervall $-3 \leq x \leq +3$!
Geben Sie die Koordinaten des Scheitelpunktes S dieses Graphen an!
Geben Sie den Wertebereich dieser Funktion an!

b) Durch die Gleichung $y = g(x) = \frac{1}{2} x^2 \quad (x \in \mathsf{R})$ ist eine weitere Funktion g gegeben. Zeichnen Sie den Graph der Funktion g in dasselbe Koordinatensystem im Intervall $-3 \leq x \leq +3$!
Berechnen Sie alle Argumente von g, für die der Funktionswert $y = 4,5$ ist!
c) Die Graphen von f und g schneiden einander in zwei Punkten. Geben Sie die Koordinaten des Schnittpunktes an, der im II. Quadranten liegt!

P 7 ▲   Gegeben sind zwei Funktionen f und g mit den Gleichungen

(1) $y = f(x) = 2x + 1$ $(x \in \mathsf{R})$,
(2) $y = g(x) = x^2 + 2x - 3$ $(x \in \mathsf{R})$.

a) Zeichnen Sie den Graph der Funktion f in ein rechtwinkliges Koordinatensystem!
b) Berechnen Sie die Nullstelle von f!
c) Der Graph von g ist eine Parabel. Geben Sie die Koordinaten ihres Scheitelpunktes an, und zeichnen Sie die Parabel in das bei Aufgabe a) verwendete Koordinatensystem!
d) Berechnen Sie die Nullstellen von g!
e) Die Graphen der Funktionen f und g schneiden einander in den Punkten P_1 und P_2. Geben Sie die Koordinaten der Schnittpunkte an!

P8 ▲ Durch $y = f(x) = \dfrac{1}{x^2}$ $(x \in \mathsf{R}; \ x \neq 0)$ ist eine Funktion f gegeben.

a) Berechnen Sie deren Funktionswerte für die in der Tabelle vorgegebenen Argumente! (Doppelbrüche sind in gemeine Brüche umzuformen.)

x	-2	-1	$-\dfrac{1}{2}$	$\dfrac{1}{2}$	1	2	$\dfrac{5}{2}$
y							

b) Zeichnen Sie den Graph von f!
c) Zeichnen Sie in dasselbe Koordinatensystem den Graph der Funktion $y = g(x) = x^2$ $(x \in \mathsf{R})$!

P9 ▲ a) Durch die Gleichung $y = x^3$ $(x \in \mathsf{R})$ ist eine Funktion gegeben. Zeichnen Sie den Graph dieser Funktion in ein rechtwinkliges Koordinatensystem!

b) Durch die Gleichung $\dfrac{1}{x}$ $(x \in \mathsf{R}; \ x \neq 0)$ ist eine weitere Funktion gegeben. Vervollständigen Sie die Tabelle!

x	-4	-3	-2	$-\dfrac{1}{2}$				4
y				-2	4	2	1	

Zeichnen Sie den Graph dieser Funktion in dasselbe Koordinatensystem!

c) Die Graphen der beiden Funktionen schneiden einander in den Punkten P_1 und P_2. Geben Sie von jedem der beiden Punkte die Koordinaten an!

P 10 ▲ a) Skizzieren Sie den Graph der Funktion mit der Gleichung $y = 2 \sin x$ $(x \in \mathbb{R})$ im Intervall $0 \leq x \leq 3\pi$!

b) Geben Sie den Wertebereich dieser Funktion an!

Nur durch das Extreme hat die Welt ihren Wert,
nur durch das Durchschnittliche ihren Bestand.

PAUL VALÉRY

K 11 ■ Bestimmen Sie die Argumente x im Intervall $0° \leq x \leq 360°$ für die in der Tabelle angegebenen Funktionen und Funktionswerte, und tragen Sie diese Argumente in die Tabelle ein:

$f(x)$	$\sin x$		$\cos x$		$\tan x$		$\cot x$	
	x_1	x_2	x_1	x_2	x_1	x_2	x_1	x_2
0,5								
1								
0								
−1								
−0,5								

K 12 ■ a) Es ist die Gleichung einer linearen Funktion anzugeben, wenn P_1 (2; 4) und der Anstieg $m = 1,5$ des Graphen der Funktion gegeben sind.
b) Gegeben sind zwei Punkte des Graphen einer linearen Funktion mit P_1 (−1; −2) und P_2 (4; 3). Wie lautet die Gleichung der linearen Funktion?
c) Wie lautet die Gleichung einer linearen Funktion, deren Graph die Punkte P_1 (2; 0) und P_2 (0; 4) enthält?

K 13 ■ Durch die Gleichung $y = \dfrac{3}{2} \sin 2x \, (x \in \mathbb{R})$ ist eine Winkelfunktion gegeben.
Zeichnen Sie den Graph dieser Funktion genau im Intervall $-\pi \leqq x \leqq \pi$, und geben Sie den Wertebereich dieser Funktion an!

K 14 ■ *Aus einer ungarischen Rätselzeitschrift*:
Welchen Weg muß das Auto nehmen, um den Parkplatz zu erreichen (Abb. 7.1)?

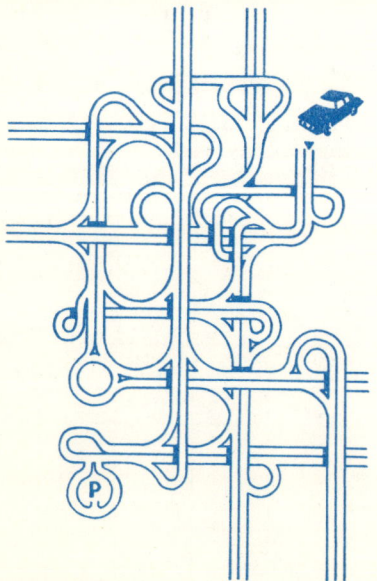

Abb. 7.1

K 15 ■   Gegeben sind zwei Funktionen durch die Gleichungen

$$y_1 = m_1 x + n_1 \quad \text{und} \quad y_2 = m_2 x + n_2 \quad \text{mit} \quad x \in \mathsf{R}.$$

a) Welche Bedingungen müssen m_1, m_2, n_1, n_2 erfüllen, damit die Graphen der Funktionen
(1) einander in einem Punkt schneiden,
(2) zusammenfallen,
(3) parallel zueinander laufen, aber nicht zusammenfallen?
b) Welche Aussagen lassen sich bezüglich der Lösungsmenge für das jeweils zugehörige Gleichungssystem treffen?

K 16 ■   Gegeben sei der Term $\dfrac{1}{1 - \sin x}$ $(x \in \mathsf{R})$.

Für welchen Wert von x $(0 \leq x \leq 2\pi)$ ist dieser Term nicht definiert?

K 17 ■   *Eine harte Nuß*: Zeichnen Sie den Graph der durch

$y = |x + 1| + \dfrac{x}{2} - 2$ erklärten Funktion!

K 18 ■   In jeder Zeile darf nur ein Buchstabe verändert werden, um vom ersten zum letzten mathematischen Begriff zu gelangen.
Jedes neue Wort muß einen Sinn haben:

Z	E	I	T
W	E	R	T

Z	E	H	N
R	A	U	M

K	A	N	T	E
T	O	N	N	E

K 19 ■ Gegeben sind Funktionen mit den Gleichungen $(x \in \mathbb{R})$:

(1) $y = -2x + 4$ $(-\infty < x < \infty)$,

(2) $y = 10^x$ $(-\infty < x < \infty)$,

(3) $y = x^3 - 5$ $(-\infty < x < \infty)$,

(4) $y = \lg x$ $(x > 1)$,

(5) $y = (x + 1)^2 - 2$ $(-1 \leqq x < \infty)$,

(6) $y = \sin x$ $(-2\pi < x < 2\pi)$,

(7) $y = \sqrt{x}$ $(x \geqq 0)$,

(8) $y = \tan x$ $(-\pi/2 < x < \pi/2)$.

Welche der folgenden Bedingungen werden durch die einzelnen Funktionen erfüllt: die Funktion hat im genannten Definitionsbereich
a) keine Nullstellen,
b) genau eine Nullstelle,
c) mehr als eine Nullstelle,
die Funktion ist im genannten Definitionsbereich
d) monoton steigend,
e) monoton fallend?

K 20 ■ Untersuchen Sie, welche der drei gegebenen quadratischen Funktionen eine (Doppel-Nullstelle), keine Nullstelle bzw. zwei (verschiedene) Nullstellen hat, und deuten Sie diesen Sachverhalt graphisch!

a) $f_1(x) = 2x^2 - 4x + 2$,
b) $f_2(x) = 2x^2 - 4x + 5$,
c) $f_3(x) = 2x^2 - 4x - 6$.

K 21 ■ *Aus einem rumänischen Mathematikwettbewerb*:
Es ist der Graph der Funktion

$$y = \sqrt{x^2 + 2x + 1} + \sqrt{x^2 - 2x + 1} \text{ zu zeichnen.}$$

K 22 ■ Welche geordneten Paare [x; y] natürlicher Zahlen x und y erfüllen die Gleichung $2x + y^2 = 81$?

K 23 ■ *Ein sonderbares Testament*:
Das Testament des Ebenezer Skinflint enthielt ein Vermächtnis an Zuwendungen, das so sonderbar und exzentrisch war wie der Mann selbst. Er legte folgendes fest:
a) Die Höhe jeder Zuwendung muß gleich sein und so niedrig wie möglich,
b) jede Zuwendung muß aus einem Betrag in vollen £ bestehen,
c) die Anzahl der Zuwendungen muß so klein wie möglich sein,
d) jeder Bedachte muß einen gleichen Anteil von £ 1 001 plus n £ erhalten, wobei n die Anzahl der Bedachten ist.
Die Testamentvollstrecker wußten nicht, was sie auszahlen sollten oder wie viele Empfänger in Betracht kamen.
Können Sie ihnen helfen und die Lösung finden?

K 24 ■ *Prüfungsaufgabe aus Äthiopien*:
a) Wenn $f(x; y) = x^2y^3$, welche der Aussagen ist wahr?

(1) $f(x; -y) = x^2y^3$;   (2) $f(-x; -y) = -x^2y^3$;
(3) $f(-x; y) = -x^2y^3$;   (4) $f(1; 0) = -1$;
(5) keine der Aussagen von (1) bis (4).

b) Für welche geordneten Paare [x; y] ist die Funktion

$f(x; y) = \dfrac{xy}{x - y}$ nicht definiert:

(1) [1; 0];   (2) [1; -1];   (3) [-1; 1];   (4) [1; 1];   (5) [0; 1]?

K 25 ■ a) Sieben Schachteln liegen in einer Reihe. In der ersten befinden sich 19 Zündhölzer, in der zweiten 9 und in den folgenden in dieser Reihenfolge 26, 8, 18, 11 und 14. Aus jeder beliebigen Schachtel können die Hölzchen in eine benachbarte gelegt werden. Man soll die Hölzchen so umsortieren, daß schließlich in jeder Schachtel gleich viele Hölzchen liegen.

Wie muß man dabei vorgehen, wenn man mit möglichst wenigen Umordnungen auskommen will (Abb. 7.2)?

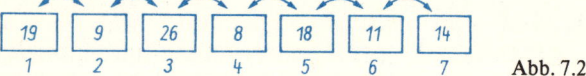

Abb. 7.2

b) Die Schachteln mit den Streichhölzern seien jetzt in Form eines „Hundes" angeordnet (Abb. 7.3). Die Zahlen bezeichnen die Anzahl der Hölzchen in den Schachteln. Die Hölzchen sollen nur entlang der gezeichneten Linien zwischen den Schachteln transportiert werden können.

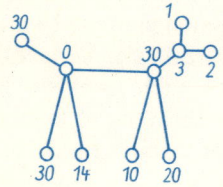

Abb. 7.3

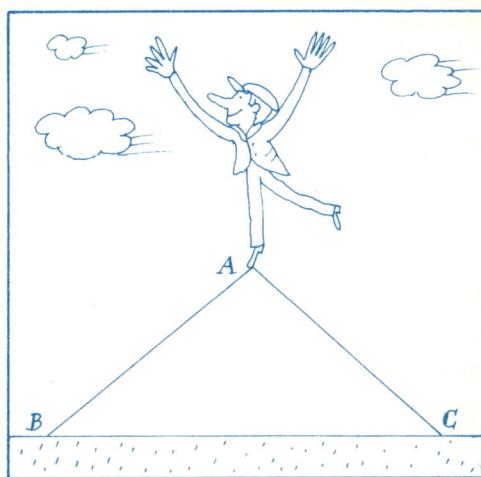

8.

Trigonometrie

*Keine Kunst, keine Wissenschaft
ist erreichbar ohne Lernen.*

DEMOKRIT

P 1 ▲ Von einem Dreieck ABC sind gegeben:
$\overline{AB} = c = 8,5$ cm; $\overline{AC} = b = 7,2$ cm; $\sphericalangle CAB = \alpha = 48°$.
a) Konstruieren Sie dieses Dreieck!
b) Berechnen Sie die Länge der Seite $\overline{BC} = a$!
c) Berechnen Sie den Flächeninhalt des Dreiecks ABC!

P 2 ▲ Drei Kreise berühren einander von außen. Ihre Mittelpunkte A, B und C sind Eckpunkte eines Dreiecks (Abb. 8.1).
Der Radius des Kreises um A sei $r_1 = 3,0$ cm, der Radius um B sei $r_2 = 4,0$ cm, und der Radius um C sei $r_3 = 2,0$ cm.

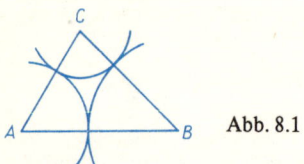

Abb. 8.1

a) Ermitteln Sie die Längen der Seiten $\overline{AB} = c$, $\overline{BC} = a$ und $\overline{AC} = b$ des Dreiecks!
b) Konstruieren Sie das Dreieck ABC!
c) Berechnen Sie den Winkel $\sphericalangle BCA = \gamma$!
d) Berechnen Sie den Flächeninhalt des Dreiecks ABC!

P 3 ▲ Von einem Punkt P, der außerhalb eines Kreises um den Punkt M liegt, sind die Tangenten an diesen Kreis gezeichnet. Sie berühren den Kreis in den Punkten B_1 bzw. B_2 (Abb. 8.2).
$\overline{MB_1} = \overline{MB_2} = r = 4$ cm; $\sphericalangle B_2PB_1 = 2\alpha = 50°$.

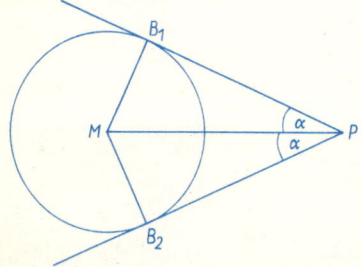

Abb. 8.2

a) Berechnen Sie die Länge der Strecke $\overline{PM} = e$!
b) Berechnen Sie die Länge des Tangentenabschnittes $\overline{PB_1} = t$!
c) Berechnen Sie den Flächeninhalt des Vierecks PB_1MB_2!
d) Die Verlängerung von $\overline{PM}$ über M hinaus schneide den Kreis im Punkt Q. Berechnen Sie die Größe des Winkels $\sphericalangle B_1QB_2$!

P 4 ▲ Die Diagonale $\overline{KM}$ eines Parallelogramms *KLMN* hat eine Länge von 7 cm. Diese Diagonale bildet mit den Seiten des Parallelogramms Winkel von 28° bzw. 115°.
a) Konstruieren Sie das Parallelogramm!
b) Beschreiben Sie die Konstruktion!
c) Berechnen Sie die längere Seite des Parallelogramms!

P 5 ▲ Für den Flächeninhalt A_T des in Abb. 8.3 dargestellten Trapezes *ABCD* gilt:

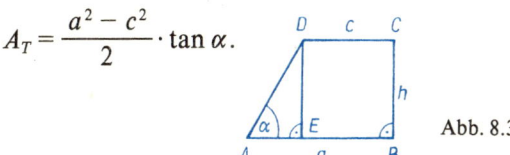

$$A_T = \frac{a^2 - c^2}{2} \cdot \tan \alpha.$$

Abb. 8.3

a) Berechnen Sie A_T für $a = 6{,}3$ cm, $c = 5{,}5$ cm, $\alpha = 75{,}3°$!
b) Drücken Sie h durch die Variablen a, c und α aus!

c) Leiten Sie die Gleichung $A_T = \dfrac{a^2 - c^2}{2} \cdot \tan \alpha$ her, indem

Sie von $A_T = \dfrac{a + c}{2} \cdot h$ ausgehen und das in b) ermittelte Ergebnis nutzen!

P 6 ▲ a) Ein Vermessungstrupp hat die Länge einer unzugänglichen Strecke $\overline{AB}$ trigonometrisch zu bestimmen. Er ermittelt folgende Meßwerte:
$\overline{AC} = b = 72{,}8$ m; $\overline{BC} = a = 45{,}0$ m; $\sphericalangle CAB = \gamma = 77°$
(Abb. 8.4).
Berechnen Sie $\overline{AB}$ auf Grund dieser Meßwerte!

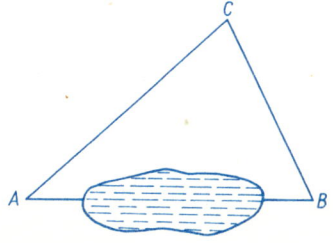

Abb. 8.4

b) Auf die gleiche Weise wurde von drei Gruppen einer Klasse 10 die Länge der Strecke $\overline{AB}$ bestimmt. Sie fanden folgende Werte:

Gruppe 1: 73,4 m;   Gruppe 2: 76,4 m;   Gruppe 3: 77,3 m.

Berechnen Sie den Mittelwert (arithmetisches Mittel) dieser drei Werte!

c) Um wieviel Meter weicht dieser Mittelwert von dem Wert für $\overline{AB}$ ab, der unter a) berechnet wurde?

P7 ▲   Ein Hubschrauber fliegt mit konstanter Geschwindigkeit auf einer geradlinigen Bahn von A nach C (Abb. 8.5).

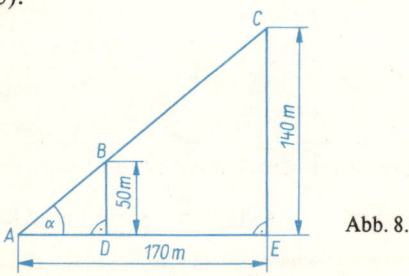

Abb. 8.5

a) Berechnen Sie den Anstiegswinkel α dieser Flugbahn!

b) Von A nach B benötigt der Hubschrauber 7,5 s. Wie lange braucht er von A nach C?

c) Berechnen Sie die Fluggeschwindigkeit des Hubschraubers auf der Strecke $\overline{AC}$! Geben Sie diese Geschwindigkeit in Kilometer je Stunde $\left(\dfrac{\text{km}}{\text{h}}\right)$ an!

P8 ▲   In bergigem Gelände wird eine Straße von A nach E projektiert. Sie soll gleichmäßig ansteigen. (Abb. 8.6 zeigt einen Geländeschnitt.) Bekannt sind:

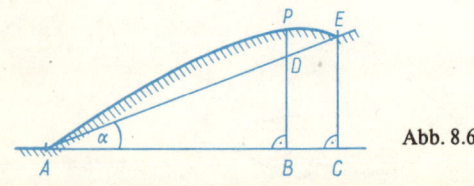

Abb. 8.6

$\overline{AC} = 180$ m; $\overline{CE} = 20$ m;

$\overline{AB} = 162$ m; $\overline{BP} = 21$ m.

a) Berechnen Sie die Länge der Strecke $\overline{BD}$!

b) Wieviel Meter liegt der Punkt D der projektierten Straße unter dem Geländepunkt P?

c) Berechnen Sie die Größe des Anstiegswinkels α!

d) Die Steigung einer Straße ist das Verhältnis von Höhenunterschied h zur zugehörigen waagerechten Straßenlänge l. Sie wird gewöhnlich in Prozent angegeben und nach der Formel $s = \dfrac{h}{l} \cdot 100\,\%$ berechnet. Berechnen Sie die Steigung s dieser Straße!

P9 ▲ Zwei Straßen schneiden einander im Punkt A. Durch den Punkt B auf der einen Straße wird eine Rohrleitung gelegt, welche die andere Straße im Punkt C schneidet (Abb. 8.7). Bei der Vermessung wurden folgende Werte ermittelt:

$\overline{AB} = c = 4{,}7$ km; $\sphericalangle CAB = \alpha = 35°$; $\sphericalangle ABC = \beta = 85°$.

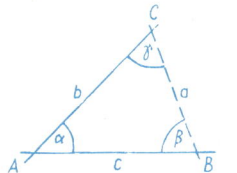

Abb. 8.7

a) Konstruieren Sie das Dreieck ABC in einem geeigneten Maßstab!

b) Berechnen Sie die Größe des Winkels $\sphericalangle BCA = \gamma$!

c) Berechnen Sie die Länge a des Abschnitts $\overline{BC}$ der Rohrleitung!

d) Um einen Näherungswert a_N für die Länge des Abschnitts $\overline{BC}$ zu erhalten, wurde für den Winkel $\sphericalangle ABC = \beta$ der Näherungswert $90°$ verwendet. Die Werte für $\overline{AB} = c$ und $\sphericalangle CAB = \alpha$ blieben unverändert. Berechnen Sie den Näherungswert a_N!

e) Geben Sie den absoluten Fehler $a_N - a$ an!

P 10 ▲ Von einer Radarstation R wurden zwei Schiffe A und B geortet (Abb. 8.8). Dabei wurden ermittelt:
$\overline{RA}$ = 9,5 sm; $\overline{RB}$ = 11,5 sm;   ∢ BRA = 26,0°.

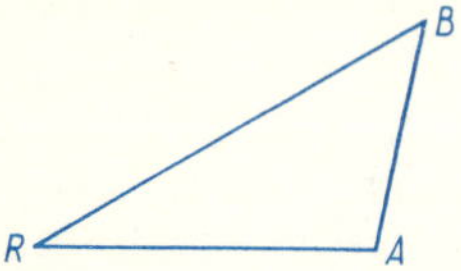

Abb. 8.8

a) Ermitteln Sie zeichnerisch die Entfernung $\overline{AB}$ der beiden Schiffe!

b) Ermitteln Sie $\overline{AB}$ rechnerisch!

c) Rechnen Sie diese Entfernung in Kilometer um (1 sm = 1,852 km)!

> *Wer sich um Belehrung bemüht,*
> *muß vor allem zweifeln können.*
> *Zweifel führen zur Entdeckung der Wahrheit.*
>
> ARISTOTELES

K 11 ■ Im Jahre 1889 errichtete A. G. Eiffel anläßlich der Pariser Weltausstellung in Stahlkonstruktion den 305 m hohen nach ihm benannten Eiffelturm. Von einem Flugzeug aus wurde die Spitze des Eiffelturmes unter dem Tiefenwinkel von 5° angepeilt.
Wie weit war das Flugzeug zum Zeitpunkt der Peilung vom Eiffelturm entfernt, wenn die Flughöhe fünf Kilometer betrug?

K 12 ■ Sinus- oder Kosinussatz? Stellen Sie jeweils eine Gleichung auf, um die Variable x zu berechnen (Abb. 8.9)!

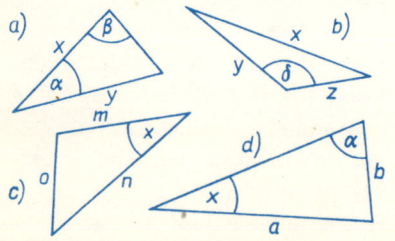

Abb. 8.9

K 13 ◼ Zeichnen Sie ein Dreieck ABC mit den Seitenlängen $a = 6$ cm, $b = 4$ cm und $c = 5$ cm! Legen Sie auf $\overline{AC}$ einen inneren Punkt D so fest, daß $\overline{AD}$ die Länge $e = 1$ cm hat! Durch den Punkt D ist eine Gerade g zu ziehen, die die Seite $\overline{BC}$ in einem inneren Punkt E so schneidet, daß die Gerade g die Fläche des Dreiecks ABC halbiert.
Welche Länge muß $\overline{BE}$ besitzen?

K 14 ◼ Ein Fischereifahrzeug fährt auf einem Kurs, der als geradlinig angesehen werden kann. Zur Orientierung wurde von den Punkten A und B des Schiffsweges das Funkfeuer F angepeilt (Abb. 8.10). Dabei wurden ermittelt: $\overline{AB} = 14{,}6$ km; $\sphericalangle\, FAB = \alpha = 46{,}3°$; $\sphericalangle\, ABF = \beta = 61{,}4°$.

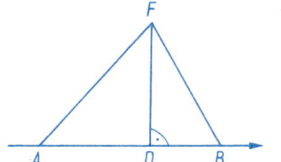

Abb. 8.10

a) Berechnen Sie, in welcher Entfernung vom Funkfeuer F sich das Schiff im Punkt B befand!
b) Berechnen Sie die kürzeste Entfernung $\overline{DF}$, in der das Schiff am Funkfeuer vorbeigefahren ist!

K 15 ◼ Die Abb. 8.11 zeigt das Konstruktionsschema eines Dachbinders.
$\overline{AB} = \overline{BC} = \overline{CD} = 2{,}40$ m; $\overline{DH} = 3{,}00$ m.

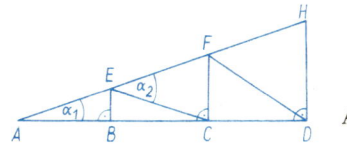

Abb. 8.11

a) Berechnen Sie die Längen der Strecken $\overline{BE}$ und $\overline{CF}$!
b) Berechnen Sie die Länge der Strecke $\overline{AH}$!
c) Berechnen Sie die Größe des Winkels α_1!
d) Begründen Sie, daß das Dreieck ACE gleichschenklig ist!

K 16 ■ Ein Schwimmkran hat die Auflagebreite $\overline{AB}$ = 31 m. Sein schwenkbarer Ausleger hat die Länge $\overline{BC}$ = 24 m (siehe nachfolgend stark vereinfachte Darstellung Abb. 8.12).

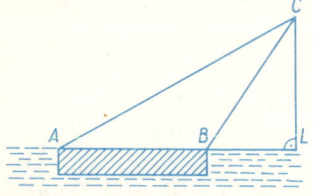

Abb. 8.12

Berechnen Sie für den Neigungswinkel $\sphericalangle CBL = \delta = 60°$

a) die Arbeitsweite $\overline{BL}$,

b) die Länge $\overline{AC}$ des Spannseiles!

K 17 ■ Die Abbildungen 8.13 und 8.14 zeigen vereinfachte Darstellungen eines Kurbelgetriebes. P bewegt sich auf dem Kreis um M mit $\overline{MP}$ = r (r konstant), und K bewegt sich auf der Geraden g (l konstant).

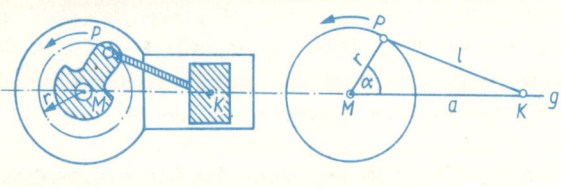

Abb. 8.13   Abb. 8.14

Es seien $\overline{MP}$ = r = 2,5 cm und $\overline{KP}$ = l = 6,5 cm.

a) Zeichnen Sie das Dreieck MKP mit dem Winkel $\sphericalangle PMK = \alpha_1 = 90°$, und berechnen Sie hierfür die Länge der Strecke $\overline{MK} = a_1$!

b) Berechnen Sie die Länge der Strecke $\overline{MK} = a_2$ für den Winkel $\sphericalangle PMK = \alpha_2 = 180°$!

c) Berechnen Sie die Größe des Winkels $\sphericalangle PMK = \alpha_3$ ($0° < \alpha_3 < 180°$) für $\overline{MK} = a_3 = 4,8$ cm!

K 18 ■ Lösen Sie die Gleichung $2 \sin \varphi + \cos 2\varphi = 0$ rechnerisch auf zwei Dezimalstellen genau ($0° \leqq \varphi \leqq 360°$)!

K 19 ■   In Abb. 8.15 ist *ABC* ein rechtwinkliges Dreieck. *ED* verläuft parallel zu *AB*; $\overline{AB}$ = 17 cm, $\overline{BC}$ = 10 cm, $\overline{AD}$ = 9 cm und $\overline{ED}$ = 7 cm.
Bestimmen Sie die Fläche des Dreiecks *ACE*!

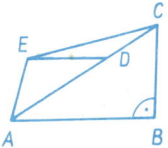

Abb. 8.15

K 20 ■   Berechnen Sie mit Hilfe des Taschenrechners, unter Verwendung des Kosinussatzes, die fehlende Dreiecksseite (geforderte Genauigkeit: 2 Dezimalstellen)!
a) $a = 40$; $c = 60$; $\beta = 25°$;
b) $b = 50$; $c = 80$; $\alpha = 41°$;
c) $a = 60$; $b = 90$; $\gamma = 64°$.

K 21 ■   Von einem Parallelogramm *ABCD* sind die Seiten $a = 8$ cm, $b = 5$ cm und der Winkel $\alpha = 60°$ gegeben.
Wie lang sind die Diagonalen? Lösen Sie die Aufgabe rechnerisch und zeichnerisch!

K 22 ■   Die Figur ist in sechs Teile zu zerlegen (Abb. 8.16)!

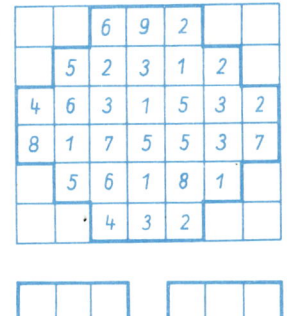

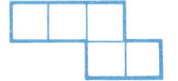

Abb. 8.16

Diese Teile aus jeweils zwei plus drei bzw. drei plus zwei Kästchen müssen stets die Summe 20 ergeben.

K 23 ■ Die Oberweißbacher Bergbahn, eine Standseil-
bahn, gilt als die steilste Bahn der Welt für normalspurige
Eisenbahnwagen. Von der Talstation Obstfelder Schmiede
im Schwarzatal bis zum Bahnhof Lichtenhain auf dem
Kamm des Thüringer Waldes überwindet sie einen Höhenunterschied von 323 Metern. Die 1 400 m lange Strecke legt
die Bergbahn in 18 Minuten zurück.
Wieviel Prozent mittlere Steigung hat die Bahn zu überwin-
den, und wie groß ist der Anstiegswinkel?

K 24 ■ Ein Lastkraftwagen fährt eine Straße, die eine
durchschnittliche Steigung von 5,6 % aufweist, mit einer
durchschnittlichen Geschwindigkeit von $v = 36 \, \text{kmh}^{-1}$ hin-
auf.
Welcher Höhenunterschied (in Metern) wird in 5 min Fahrzeit überwunden?

9.

Stereometrie

*So sonderbar ist der nimmersatte Mensch; hat er
ein Gebäude vollendet, so ist es nicht, um nun
ruhig darin zu wohnen, sondern um ein anderes
anzufangen.*

CARL FRIEDRICH GAUSS

P 1 ▲ Ein zylinderförmiges Werkstück aus Stahl
($d = h = 75$ mm, $\varrho = 7,8$ g/cm^3) wird so bearbeitet, daß daraus eine Kugel entsteht, die den gleichen Durchmesser wie
der Zylinder hat.
Berechnen Sie die Masse des Abfalls, der bei dieser Bearbeitung entsteht! Geben Sie die Masse in Gramm an!

P2 ▲ Ein gerader Kreiszylinder mit der Höhe h und dem Durchmesser d stehe auf seiner Grundfläche. Auf seiner Deckfläche sei eine Halbkugel mit dem gleichen Durchmesser aufgesetzt.

a) Zeichnen Sie den Aufriß eines solchen zusammengesetzten Körpers für $d = h = 4,4$ cm!

b) Berechnen Sie das Volumen dieses Körpers für $d = h = 4,4$ cm!

c) Bei einem anderen so zusammengesetzten Körper soll das Volumen des Zylinders genau so groß wie das der Halbkugel sein. Berechnen Sie die Höhe dieses Zylinders für $d = 4,4$ cm!

P3 ▲ Die Abb. 9.1 zeigt ein quaderförmiges Werkstück mit zwei durchgehenden zylinderförmigen Bohrungen.

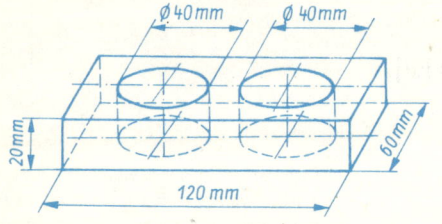

Abb. 9.1

a) Berechnen Sie das Volumen des Werkstücks (in cm³)!

b) Das Werkstück besteht aus Stahl ($\varrho = 7,8$ g/cm³). Berechnen Sie seine Masse!

P4 ▲ Ein rechteckiges Stück Blech mit den Seitenlängen a und b wird zu einem Rohr zusammengebogen, das die Form eines offenen, geraden Kreiszylinders hat. Die Länge des Rohres sei b.

Geben Sie das Volumen des zylinderförmigen Rohres an, wenn $2a = b$ ist!

P5 ▲ Ein Kochtopf hat einen lichten Durchmesser von 17,5 cm und eine lichte Höhe von 15 cm.

a) Wieviel Liter Wasser faßt der Topf, wenn er bis 2 cm unter den Rand gefüllt wird?

b) Wie hoch steht das Wasser, wenn nur $1\frac{1}{4}$ Liter Wasser eingefüllt werden?

c) Aus wieviel cm² Blech besteht der Topf?

P 6 ▲ Ein Kegelmantel wird aus einem Kreisausschnitt mit dem Radius $r = 125$ mm und dem Zentriwinkel $\alpha = 100{,}8°$ hergestellt. Er wird durch eine Halbkugel abgeschlossen.

a) Fertigen Sie eine Skizze an!

b) Berechnen Sie den Radius des Grundkreises des Kegels!

c) Berechnen Sie die Oberfläche des Gesamtkörpers!

d) Berechnen Sie die Höhe des Kegels!

e) Berechnen Sie das Volumen des Gesamtkörpers!

P 7 ▲ Auf einer Baustelle ist ein Kieshaufen in Form eines geraden Kreiskegels aufgeschüttet worden. Er ist 4,0 m hoch und hat einen Schüttwinkel von $\alpha = 30°$ (Abb. 9.2).

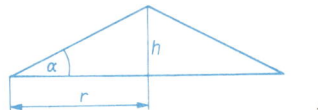

Abb. 9.2

a) Berechnen Sie den Radius r der Grundfläche dieses Kegels!

b) Berechnen Sie das Volumen dieses Kegels!

c) Berechnen Sie die Masse des aufgeschütteten Kieses ($\varrho = 2{,}2$ t/m³)!

P 8 ▲ Für die Modernisierung und Werterhaltung von Wohnungen werden Vollziegel und Hohlziegel verwendet.

a) Ein quaderförmiger Vollziegel hat folgende Abmessungen:

Länge $l = 24{,}0$ cm;   Breite $b = 11{,}5$ cm;   Höhe $h = 7{,}1$ cm.

Die Dichte des Materials beträgt $\varrho = 1{,}80$ g/cm³.

Berechnen Sie die Masse eines Vollziegels, und geben Sie diese in Kilogramm an!

b) Die Masse eines Hohlziegels beträgt 2,3 kg. Wieviel Prozent der Masse eines Vollziegels beträgt die Masse eines Hohlziegels?

c) Ein Lastkraftwagen kann maximal mit 2 500 Vollziegeln beladen werden. Wieviel Hohlziegel können mit diesem LKW transportiert werden?

P9 ▲ Zur Herstellung oben offener quaderförmiger Kästen stehen gleich große rechteckige Blechplatten mit 62 cm Länge und 38 cm Breite zur Verfügung. Von ihnen werden aus den Ecken quadratische Flächen mit der Seitenlänge x herausgeschnitten. Der schraffierte rechteckige Teil wird zur Grundfläche des Kastens (Abb. 9.3).

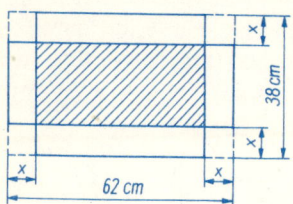

Abb. 9.3

a) Berechnen Sie das Volumen des Kastens für $x = 2,5$ cm!

b) Der Inhalt der Grundfläche des Kastens betrage 1 300 cm². Berechnen Sie das Volumen dieses Kastens!

P10 ▲ Eine Kugel mit dem Radius r wird von einer Ebene geschnitten. Diese Ebene habe den Abstand a vom Mittelpunkt M der Kugel.

a) Berechnen Sie für $r = 5,0$ cm und $a = 3,0$ cm das Volumen des kleineren Kugelabschnittes, der durch den Schnitt entsteht!

b) Geben Sie den Radius r_1 der Schnittfläche an!

c) Ermitteln Sie den Inhalt der Schnittfläche!

Ein Gramm Anschauung wiegt manchmal
schwerer als eine Tonne guter Gründe.

FELIX KLEIN

K 11 ■ Die Cheopspyramide hat als Grundfläche ein Quadrat mit 233 m Seitenlänge. Sie war ursprünglich 148 m hoch und ist heute in 137 m Höhe abgestumpft.
a) Welche Gesteinsmasse wurde für den Bau benötigt ($\varrho = 2{,}7$ g/cm^3)?
b) Welche Ausmaße hat die heute vorhandene Plattform auf dem Gipfel näherungsweise?

K 12 ■ Die Oberfläche zweier Würfel, von denen einer eine um 22 cm längere Kante hat als der andere, unterscheiden sich um $19\,272$ cm^2 voneinander.
Es sind die Längen der Kanten beider Würfel zu berechnen!

K 13 ■ Welche der Figuren *A, B, C* ist in den Bildern 1 bis 15 wiederzufinden (Abb. 9.4)?

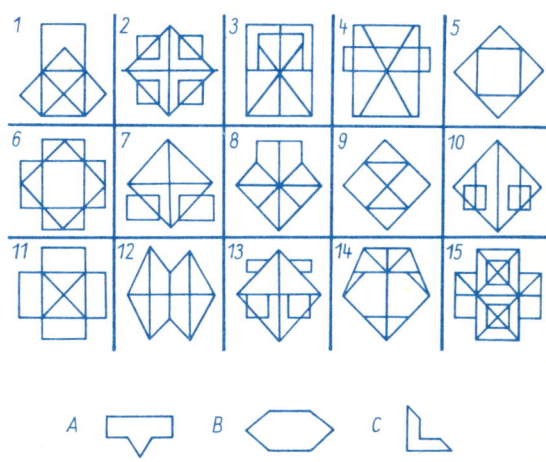

Abb. 9.4

K 14 ■ In einem allseitig geschlossenen quaderförmigen Glaskasten befinden sich genau 600 cm³ Wasser. Legt man den Kasten nacheinander mit seinen verschiedenen Außenflächen auf eine horizontale Ebene, so ergibt sich für die Wasserhöhe im Kasten einmal 2 cm, einmal 3 cm und einmal 4 cm. Ermitteln Sie das Fassungsvermögen des Kastens!

K 15 ■ Das Volumen des von einem abgewalmten Dach mit den Kantenlängen a, b und c sowie der Höhe h begrenzten Körpers kann nach folgender Formel berechnet werden:

$$V = \frac{1}{6}(2a + c)\,bh.$$

a) Die Richtigkeit der Formel ist zu zeigen (Abb. 9.5)!

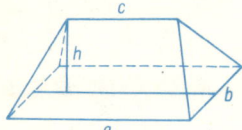

Abb. 9.5

b) Es ist das Volumen für $a = 16$ m, $b = 6$ m, $c = 8$ m, $h = 4$ m zu berechnen. (Es empfiehlt sich, den Dachkörper durch zwei senkrechte Schnitte, die durch die Endpunkte des Dachfirstes gehen, in zwei Pyramiden und ein Prisma zu zerlegen und die Volumina dieser Körper nach den bekannten Formeln zu berechnen.)

K 16 ■ Reicht ein Draht von 1 m Länge zur Herstellung eines 12 cm hohen Kantenmodells für eine Pyramide mit rechteckiger Grundfläche ($a = 8$ cm, $b = 6$ cm)?

K 17 ■ Eine dreiseitige Pyramide $ABCD$ mit der Spitze D habe die Kantenlängen $\overline{AB} = 4$ cm, $\overline{BC} = 5$ cm, $\overline{BD} = 12$ cm. Die Winkel $\sphericalangle ABD$ und $\sphericalangle ABC$ seien rechte Winkel; $\overline{BD}$ sei die Höhe des Körpers. Berechnen Sie das Volumen V dieser Pyramide!

K 18 ■   Mit Hilfe der modernen Technik kann man Drähte aus Metall herstellen, die nur eine Dicke von 2 µm = 0,002 mm haben.
Welche Länge besitzt ein Draht von kreisförmigem Querschnitt (Querschnittsdurchmesser 0,002 mm), der aus einer Masse von 2 g Silber ($\varrho = 10,5$ g/cm^3) hergestellt worden ist?

K 19 ■   Ein rechtwinkliges Dreieck mit den Katheten a und b und der Hypotenuse c rotiere um die Kathete a.
a) Welcher Rotationskörper entsteht auf diese Weise?
b) Berechnen Sie den Inhalt und die Oberfläche des entstandenen Rotationskörpers für $a = 16$ cm, $b = 12$ cm und $c = 20$ cm!
c) In welchem Verhältnis stehen die Volumina der Körper, die entstehen, wenn das Dreieck erstens um a und zweitens um b rotiert?

K 20 ■   Berechnen Sie mit dem Taschenrechner (auf zwei Kommastellen genau) die Oberfläche eines geraden Kreiskegels mit dem Radius $r = 1$ cm (2 cm, 3 cm, 4 cm, 5 cm) und der Höhe $h = 6$ cm!
Es ist $s = \sqrt{h^2 + r^2}$ und $O = \pi(r + s) \cdot r$.

K 21 ■   Welchen prozentualen Anteil hat ein Würfel am Volumen einer Kugel, die der Würfel mit all seinen Eckpunkten berührt?

K 22 ■   Man schüttet 50 Stahlkugeln gleichen Durchmessers in einen Meßzylinder, der mit 75 ml Wasser gefüllt ist. Der Wasserstand steigt danach auf 87 ml.
Welches Volumen und welchen Durchmesser hat jede dieser Kugeln?

K 23 ■   Im menschlichen Blut befinden sich je 1 mm^3 etwa 4,775 Millionen roter Blutkörperchen. Ein rotes Blutkörperchen hat eine durchschnittliche Dicke von 7,9 µm.
Wie viele rote Blutkörperchen sind etwa in den durchschnittlich 5 Litern Blut jedes Menschen enthalten. Welche Länge hätten all diese aneinandergereihten roten Blutkörperchen?

K 24 ◼ Ein kegelförmiges Glas hat ein Fassungsvermögen von einem Liter.
In welcher Höhe des Glases befindet sich der Wasserspiegel, wenn wir 0,5 Liter Wasser in das Glas gießen?

K 25 ◼ *Ratespiel mit dem Taschenrechner*:

Jeder merke sich eine Zahl kleiner als 10,
– multipliziere sie mit π,
– dividiere durch 4,
– multipliziere mit 10,
– dividiere durch 7,85,
– addiere 4,
– multipliziere mit 3,
– addiere zum Produkt 6!

Nennen Sie mir das Ergebnis auf eine Dezimalstelle nach dem Komma genau!
Ich sage Ihnen dann, welche Zahl Sie sich gemerkt haben.

10.

Darstellende Geometrie

Ein jeder aufmerksame Zuschauer der Natur wird einräumen, daß Insonderheit die geometrischen Wahrheiten leicht und die natürlichsten der Welt sind. Es beweisen solches fast alle Künstler und Handwerker, die irgend mit Zirkel und Lineal umgehen.

ALEXIS CLAUDE CLAIRAUT

P 1 ▲ Das Dach eines Turmes hat die Form einer geraden Pyramide. Ihre Grundfläche ist ein Quadrat mit der Seitenlänge $a = 4,4$ m. Die Höhe h der Pyramide beträgt 6,1 m.

a) Stellen Sie diese Pyramide im Maßstab 1:100 in Kavalierperspektive dar! Zeichnen Sie die Höhe h der Pyramide und die Höhe h_a einer Seitenfläche ein!

b) Das Dach dieses Turmes soll neu gedeckt werden. Für 1 m² Dachfläche sind 54 Ziegel einzuplanen. Berechnen Sie, wieviel Dachziegel insgesamt bereitgestellt werden müssen!

P2 ▲   Gegeben ist ein Quader, der von einer Ebene in den Punkten *P, Q, R, S* geschnitten wird (Abb. 10.1).
$\overline{AB} = \overline{BC} = 6{,}0$ cm, $\overline{AE} = 7{,}0$ cm, $\overline{AP} = \overline{DQ} = 5{,}0$ cm,
$\overline{ES} = \overline{HR} = 2{,}0$ cm.

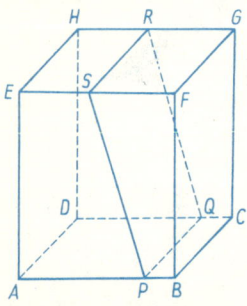

Abb. 10.1

a) Stellen Sie den Quader einschließlich der Schnittfigur in senkrechter Zweitafelprojektion dar!
b) Konstruieren Sie die Schnittfigur in wahrer Größe und Gestalt!
c) Berechnen Sie die Länge der Strecke $\overline{PS}$!

P3 ▲   In der Abb. 10.2 ist ein Betonkörper, der die Form eines vierseitigen Prismas hat, in Grund- und Aufriß dargestellt.

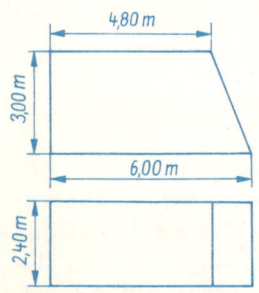

Abb. 10.2

a) Stellen Sie dieses Prisma in Kavalierperspektive im Maßstab 1:100 dar!
b) Die Vorderansicht des Betonkörpers ist ein Trapez. Berechnen Sie dessen Flächeninhalt (in m²)!
c) Berechnen Sie das Volumen des Betonkörpers (in m³)!

P 4 ▲   Gegeben ist ein gerades Prisma *ABCDEF*:
$\overline{AB} = \overline{DC} = 6{,}2$ cm, $\overline{AD} = \overline{BC} = \overline{EF} = 8{,}5$ cm,
$\sphericalangle BAE = \sphericalangle EBA = 56°$.

a) Stellen Sie das Prisma in senkrechter Zweitafelprojektion dar! Bezeichnen Sie alle Eckpunkte entsprechend der Abb. 10.3!

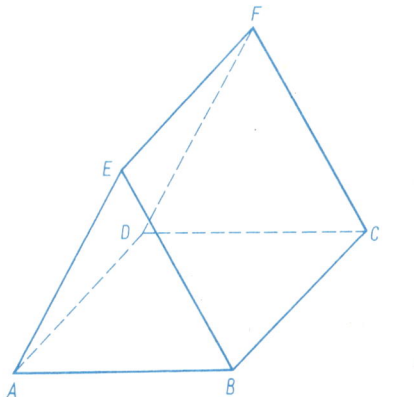

Abb. 10.3

b) Konstruieren Sie die Fläche *BCFE* in wahrer Größe und Gestalt!

P 5 ▲   Ein Körper ist aus einem Quader und einer geraden Pyramide zusammengesetzt (Abb. 10.4).

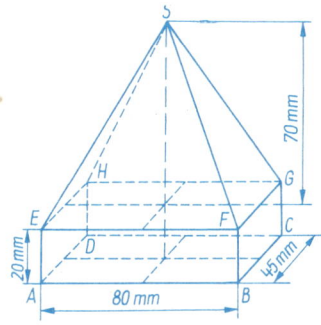

Abb. 10.4

a) Berechnen Sie das Volumen dieses zusammengesetzten Körpers (in cm³)!

b) Stellen Sie diesen Körper in senkrechter Zweitafelprojektion im Maßstab 1:1 dar! Bezeichnen Sie alle Eckpunkte entsprechend der Abb. 10.4!

P 6 ▲　Die Abb. 10.5 zeigt ein Werkstück in Kavalierperspektive. Die Maße des Werkstückes sind:
$\overline{AB}$ = 11,0 cm,　$\overline{AG}$ = 6,0 cm,　$\overline{BE}$ = 2,0 cm,　$\overline{GH}$ = 8,0 cm,　$\overline{AD}$ = 6,0 cm.

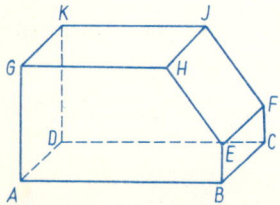

Abb. 10.5

a) Stellen Sie dieses Werkstück in senkrechter Zweitafelprojektion im Maßstab 1:1 dar! Bezeichnen Sie alle Eckpunkte entsprechend der Skizze!
b) Berechnen Sie die Länge der Kante $\overline{EH}$!
c) Berechnen Sie den Umfang des Fünfecks $ABEHG$!
d) Berechnen Sie den Flächeninhalt des Fünfecks!

P 7 ▲　Die Abb. 10.6 zeigt das Schrägbild eines Werkstükkes.

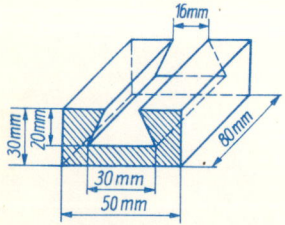

Abb. 10.6

a) Stellen Sie dieses Werkstück in senkrechter Zweitafelprojektion im Maßstab 1:1 dar! (Benennung der Eckpunkte ist nicht erforderlich.)
b) Berechnen Sie den Inhalt der schraffierten Fläche (in mm²)!

P 8 ▲ Die Abb. 10.7 zeigt ein gerades Prisma in Grund-
und Aufriß. Die Maße des Prismas sind:
$\overline{AB} = a = 5{,}0$ cm, $\overline{AE} = \overline{BE} = s = 6{,}5$ cm, $\overline{BC} = l = 14{,}0$ cm.

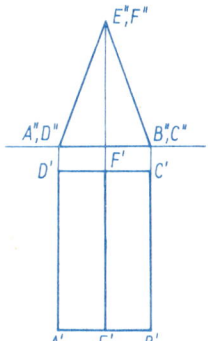

Abb. 10.7

a) Stellen Sie diesen Körper in Kavalierperspektive dar!
b) Berechnen Sie den Oberflächeninhalt dieses Prismas!

P 9 ▲ Eine gerade Pyramide mit der Spitze S hat als
Grundfläche ein regelmäßiges Sechseck $ABCDEF$ mit einer
Seitenlänge von 25 mm. Die Körperhöhe beträgt 60 mm.
a) Stellen Sie den Körper im Grund- und Aufriß-Verfahren
dar! Benennen Sie die Bilder aller Eckpunkte der Pyramide!
b) Ermitteln Sie unter Verwendung Ihrer Zeichnung die
wahre Länge einer Seitenkante, und kennzeichnen Sie diese
Strecke farbig!
c) Berechnen Sie außerdem die wahre Länge dieser Seitenkante!

P 10 ▲ Ein gerader Kreiskegel ($r = 3{,}0$ cm; $h = 6{,}0$ cm)
wird von einer Ebene parallel zur Grundfläche geschnitten.
Der Abstand der Ebene von der Grundfläche des Kegels beträgt 2,0 cm.
a) Zeichnen Sie den so entstandenen Kegelstumpf im
Grund- und Aufriß-Verfahren im Maßstab 1:1!
b) Berechnen Sie die Länge des Radius der Schnittfläche!
(Vergleichen Sie auch mit der Zeichnung!)
c) Berechnen Sie das Volumen des Kegelstumpfes!

Die Ohren der Menschen glauben
weniger als ihre Augen.

HERODOT

K 11 ■ Ein Käfer krabbelt nur auf den Kanten eines Würfels entlang. Er beginnt im Eckpunkt A und gelangt auf dem kürzesten Wege zum Eckpunkt G des Würfels (Abb. 10.8). Geben Sie an, welche und wie viele Möglichkeiten der Käfer zum Krabbeln hat!

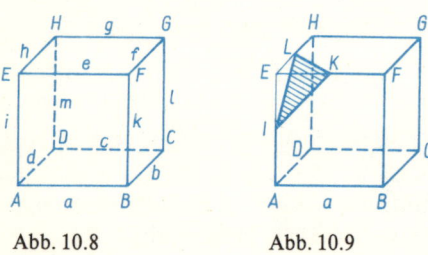

Abb. 10.8   Abb. 10.9

K 12 ■ Gegeben sei ein Würfel mit den Eckpunkten A, B, C, D, E, F, G, H und der Kantenlänge 4 cm (Abb. 10.9). Von ihm werde durch einen ebenen Schnitt durch die Punkte I, K, L eine Ecke abgeschnitten, wobei I der Mittelpunkt von $\overline{AE}$, K der Mittelpunkt von $\overline{EF}$ und L der Mittelpunkt von $\overline{EH}$ ist.
Zeichnen Sie ein Netz des Restkörpers!

K 13 ■ Von einem Würfel mit der Kantenlänge $a = 9$ cm sei an jeder seiner Ecken jeweils ein Würfel mit einer Kantenlänge $b < \dfrac{a}{2}$ herausgeschnitten. (Die Flächen der herausgeschnittenen Würfel seien parallel zu den entsprechenden Flächen des großen Würfels.)
a) Zeichnen Sie für $b = 3$ cm ein Schrägbild $\left(q = \dfrac{1}{3}, \ \alpha = 60°\right)$ des Restkörpers!
b) Ermitteln Sie den Wert von b, für den das Volumen des Restkörpers $V_R = 217$ cm^3 beträgt!

K 14 ■ *Aus einer ungarischen Rätselzeitschrift:* Welcher der mit Buchstaben gekennzeichneten Würfel hat die gleichen Bruchlinien wie der Würfel in der Mitte der unteren Reihe (Abb. 10.10)?

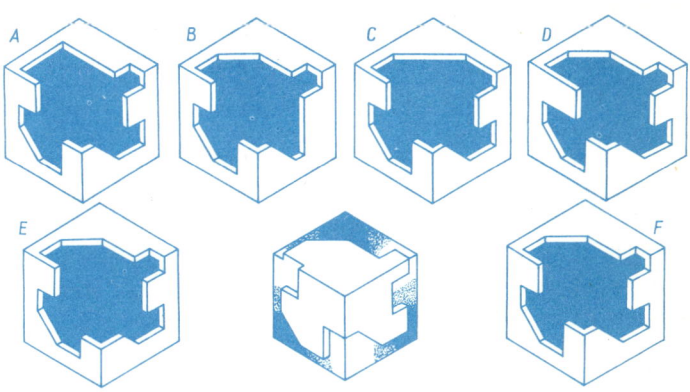

Abb. 10.10

K 15 ■ Die Punkte *A, B, C, D, E, F, G, H* seien im Raum so gelegen, wie es die Abb. 10.11 in Zweitafelprojektion zeigt.

$$E''=F''\otimes \quad \otimes G''=H''$$

$$A''=B''\otimes \quad \otimes C''=D''$$

$$A'=E'\otimes \quad \otimes D'=H'$$

$$B'=F'\otimes \quad \otimes C'=G'$$

Abb. 10.11

Zeichnen Sie in Zweitafelprojektion und in Kavalierperspektive einen zusammenhängenden, ebenflächig begrenzten Körper, der genau diese acht Punkte als Eckpunkte besitzt, der kein Würfel ist, aber aus einem solchen durch „Herausschneiden" eines ebenflächig begrenzten Teilkörpers entstanden ist! Von Körperflächen verdeckte Kanten sind gestrichelt zu zeichnen.

(*Hinweis:* Zwei Körper, die sich nur in einem Punkt oder einer Kante berühren, sollen nicht als zusammenhängend gelten.)

K 16 ■ Denken Sie sich einen Würfelschnitt derart, daß die Schnittfigur ein gleichseitiges Dreieck ist, dessen Seiten die Diagonalen je einer Quadratfläche des Würfels sind!
a) Zeichnen Sie den Würfel mit Schnitt in einer Schrägbilddarstellung!
b) Konstruieren Sie die Netze der beiden Teilkörper!
c) Wie heißt der kleinere der beiden Teilkörper?

K 17 ■ Ein Würfel soll auf verschiedene Arten durch einen ebenen Schnitt in zwei Teilkörper zerlegt werden. Können dabei folgende Schnittfiguren entstehen:
a) gleichseitiges Dreieck,
b) gleichschenkliges (nicht gleichseitiges) Dreieck,
c) rechtwinkliges Dreieck,
d) ungleichschenkliges Dreieck,
e) Quadrat,
f) nichtquadratisches Rechteck,
g) Fünfeck,
h) Achteck?
Welche möglichen Schnittfiguren sind in dieser Aufzählung nicht enthalten? Als Lösung gilt jeweils eine Skizze, aus der man sehen kann, wie der ebene Schnitt geführt werden muß, wenn man die betreffende Schnittfigur erhalten will. In den Fällen, in denen eine der aufgeführten Schnittfiguren nicht entstehen kann, genügt der Hinweis darauf (ohne Begründung).

K 18 ■ Ein Würfel werde von allen denjenigen Ebenen geschnitten, die durch die Mittelpunkte der drei jeweils von einem Eckpunkt ausgehenden Kanten verlaufen. Dabei entsteht ein Restkörper.
a) Stellen Sie einen solchen Würfel mit der Kantenlänge a und den Restkörper in einem Schrägbild $\left(\alpha = 60°;\ q = \frac{1}{3}\right)$ dar!

b) Ermitteln Sie die Anzahl aller Eckpunkte und die Anzahl aller Kanten des Restkörpers!

c) Nennen Sie die Form und die Anzahl aller Teilflächen der Oberfläche des Restkörpers!

K 19 ◼ Die Arbeitsgemeinschaft Aquarien hat eine Zuchtanlage von acht Becken, die mit *a, b, c,* ... bezeichnet sind (Abb. 10.12). Alfred (*A*), Berthold (*B*) und Christine (*C*) betrachten zu gleicher Zeit die Anlage.

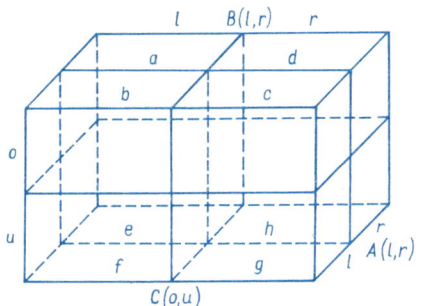

Abb. 10.12

Alfred: „Ich sehe links ($b + c + f + g$) 13 Fische, rechts ($a + d + e + h$) 18 Fische."

Berthold: „Ich sehe links ($a + b + e + f$) 17 und rechts ($c + d + g + h$) 14 Fische."

Christine: „Ich sehe oben ($a + b + c + d$) 16 Fische, unten ($e + f + g + h$) 15 Fische."

Wieviel Fische befinden sich in jedem der Aquarien *a, b, c, d, e, f, g, h*? (Alfred und Christine betrachten die Anlage von verschiedenen Seiten, Berthold von oben.) Beachten Sie, daß durch je zwei Becken hindurchgesehen wird!

K 20 ◼ a) Zeichnen Sie ein schiefes Prisma mit rechteckiger Grundfläche ($a = 4{,}0$ cm, $b = 3{,}0$ cm), dessen Höhe 3,5 cm lang ist und dessen Seitenkanten mit der Grundfläche einen Winkel der Größe 35° bilden, in Zweitafelprojektion und in Kavalierperspektive!

b) Berechnen Sie die Länge der Seitenkanten trigonometrisch!

c) Berechnen Sie den Oberflächeninhalt und das Volumen des Prismas!

K 21 ■ a) Geben Sie einen Körper an, der den abgebildeten Grund-, Auf- und Kreuzriß besitzt (Abb. 10.13)! (Sämtli-
che Risse sind rechtwinklige gleichschenklige Dreiecke.)

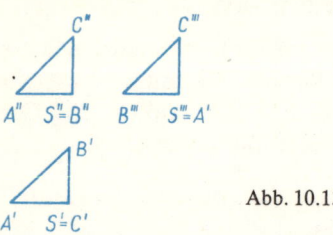

Abb. 10.13

b) Zeichnen Sie das Netz dieses Körpers!

K 22 ■ Die Abb. 10.14 zeigt einen zusammengesetzten
Körper im Grund- und Aufriß.
Konstruieren Sie das Bild des Körpers in Kavalierperspek-
tive!

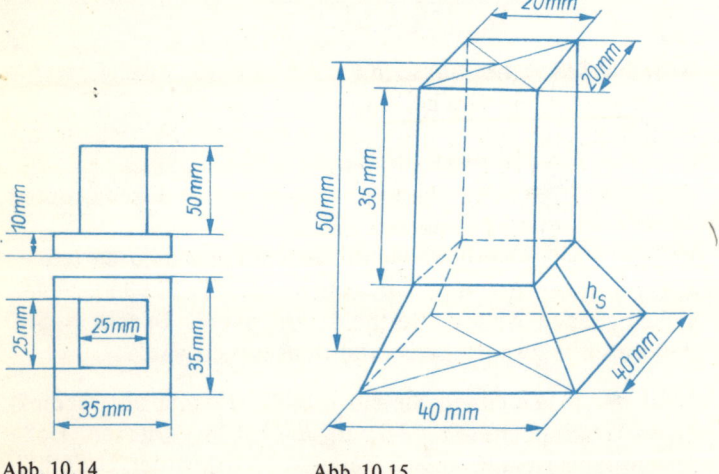

Abb. 10.14   Abb. 10.15

K 23 ■ a) Stellen Sie den in Kavalierperspektive abgebildeten Körper in senkrechter Zweitafelprojektion dar
(Abb. 10.15)!
b) Bestimmen Sie zeichnerisch die Länge der Seitenhöhe h_s!
c) Überprüfen Sie das Ergebnis von b) durch Rechnung!

K 24 ■ Von einem regelmäßigen Tetraeder mit der Kantenlänge a werden durch ebene Schnitte vier Pyramiden, deren Spitzen in den Ecken des Tetraeders liegen, so abgetrennt, daß der verbleibende Restkörper von vier regelmäßigen Sechsecken und vier gleichseitigen Dreiecken begrenzt wird.
a) Der Körper ist in Kavalierperspektive zu zeichnen!
b) Es sind der Oberflächeninhalt und das Volumen des Restkörpers zu berechnen!

K 25 ■ Die in der linken Spalte dargestellten Körper sind in der mittleren Spalte in anderer Reihenfolge von vorn, in der rechten von oben zu sehen (Abb. 10.16).
Ordnen Sie die Risse den Körpern zu!

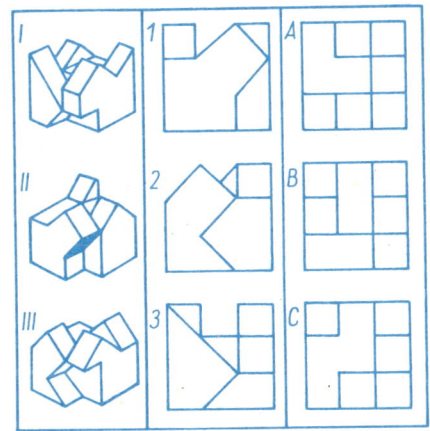

Abb. 10.16

K 26 ■ In den Lösungen bleiben Kommas bei Dezimalstellen unberücksichtigt. Setzen Sie die Ergebnisse genau nach der Anzahl der vorhandenen Felder ein (Abb. 10.17)!
Waagerecht:
1. Rauminhalt eines Würfels (in Einheitswürfeln) mit einer Oberfläche von 294 Einheitsquadraten; 3. Wert von n in einer arithmetischen Folge, wenn $T_1 = 2,4$; $T_3 = 5,4$ und $T_n = 17,4$; 5. Wert von x, wenn $2 \cdot \log_{10} 6 = \log_{10} x$; 6. Werte von x (größerer Wert zuerst), wenn $4x^2 - 24x + 35 = 0$; 8. Innenwinkel (in Grad) eines regelmäßigen Polygons mit 15 Seiten; 9. Anstieg des Graphen $y = 4x^2 + 2x - 3$, wenn

$x = 1\frac{1}{4}$; 10. größtmögliche Fläche (in m²), die in einer Ebene von einem 17,73 m langen Seil eingeschlossen werden kann; 12. einfache Zinsen auf ein Darlehen von 15 000 Mark für 2 Jahre zu einem Zinssatz von 2,25 % pro Jahr; 15. tan 249°; 17. Durchschnittsgeschwindigkeit bei einer Fahrt, wenn die Hinfahrt bei einer gleichmäßigen Geschwindigkeit von 72 kmh⁻¹ 2½ Stunden und die Rückfahrt auf der gleichen Strecke 1½ Stunden beträgt; 18. Fläche (in Einheitsquadraten) eines Vierecks mit den Eckpunkten (0; 0), (2; 10), (8; 12) und (12; 3); 19. Umfang (in Längeneinheiten) des Vierecks in 18. waagerecht.

Senkrecht:
1. Wert von x_1 in $\begin{pmatrix} 2 & 3 \\ 4 & 1 \end{pmatrix} \begin{pmatrix} 6 \\ y \end{pmatrix} = \begin{pmatrix} x_1 \\ 32 \end{pmatrix}$; 2. Fläche (in cm²) eines Kreissektors mit dem Radius von 8 cm und Winkel von 60°; 3. Anstieg einer geraden Linie, die durch $(-3; -2)$ und $(2; 4)$ verläuft; 4. Rauminhalt einer Kugel mit einem Radius, der doppelt so groß ist wie der einer anderen Kugel von 19 cm³ Rauminhalt; 5. $2^5 - 2 \cdot 5°$; 7. 101,101 (Basis 2) ausgedrückt zur Basis 10; 8. Kosten eines Artikels ohne Zusatzsteuer, wenn die Kosten einschließlich 15 % Zusatzsteuer 14,49 Mark betragen; 11. Umfang (in Längeneinheiten) des Umkreises eines gleichseitigen Dreiecks mit der Seitenlänge $\sqrt{3}$; 13. (x, y), wenn $4x - 3y = 6x - 8y = 21$; 14. 194 Grad Fahrenheit ausgedrückt in Grad Celsius; 16. Verkaufspreis einer Ware, wenn der normale Preis von 108,80 Mark um 37,5 % reduziert wird; 17. prozentuale Preiserhöhung eines Gebrauchsgegenstandes, dessen Preis von 4 500 Mark auf 4 936,50 Mark gestiegen ist.

Abb. 10.17

Lösungshinweise

*Der echte Schüler lernt aus dem Bekannten
das Unbekannte entwickeln und nähert sich
dem Meister.*

Johann Wolfgang von Goethe

1. Arithmetik

1.1: a) $\dfrac{30 \cdot \dfrac{1}{2}}{7-2} = 3$.

b) Für $b - 2 = 0$, also für $b = 2$, ist der Term nicht definiert.

1.2: a) $0,007$. b) $x = 10^{-4} = 0,0001$;
$y = 1,5 \cdot 10^2 = 150$; $z = 1,2 \cdot 10^2 = 120$.

1.3: $\dfrac{(2a - 1)\,(2a + 1)}{2a - 1} = 2a + 1$; $a \neq \dfrac{1}{2}$.

1.4: a) $M = \{16, 17, 18, 19\}$.
b) $M_1 = \{17\}$; $M_2 = \{19\}$; $M_3 = \{17, 19\}$.

1.5: a) $\dfrac{105s - 20s - 24s}{30} = \dfrac{61}{30}\,s$. b) $\dfrac{1}{2r^3 t}$.

1.6: a) $5a - 12b$. b) $4m^2 - 8,2mn - 12mn^2 + 25n^2$.
c) $\dfrac{a^2 + b^2}{a^2 - b^2}$.

1.7: 32.

1.8: a) $a^2 b^3$.   b) $-2\,|\,k\,|$.   c) $\dfrac{a}{3}$.

1.9: a) 66 ha.   b) $3^n = 27$, d. h. $n = 3$.
c) $1{,}4 < \sqrt{2} < 1{,}\overline{4}$.

1.10: a) $n - 1$; $n + 1$.
b) $(n - 1)(n + 1) = 483$; $n = 22$.

1.11: a) $<$. b) $>$. c) $>$. d) $<$. e) $>$. f) $=$.
g) $<$. h) $>$. i) $<$. k) $<$.

1.12: a) $4\sqrt{3} < 7$, denn $16 \cdot 3 < 49$.
b) $\sqrt{2} < \sqrt[3]{3}$, denn $2 < \sqrt[3]{9}$; $8 < 9$.
c) $\sqrt{5} + \sqrt{3} > \sqrt{6} + \sqrt{2}$, denn $\left(\sqrt{5} + \sqrt{3}\right)^2 > \left(\sqrt{6} + \sqrt{2}\right)^2$;
$8 + 2 \cdot \sqrt{15} > 8 + 2 \cdot \sqrt{12}$; $\sqrt{15} > \sqrt{12}$.

1.13: Zum Beispiel: Abb. 1.7.

3	+	4	−	0	=7
·	■	+	■	·	
1	·	12	:	4	=3
−	■	−	■	+	
1	+	12	−	7	=6
=2		=4		=7	

Abb. 1.7

1.14: $5^{-2} \cdot 125 = 5$; $5 : \sqrt[3]{125} = 1$; $\log_2 32 + 1 = 6$;
$6 \cdot 3 = 324^{\frac{1}{2}} = 18$; $3 + 1 + 6 = \sqrt{100}$.

1.15: Wegen $5\,291 = 11 \cdot 13 \cdot 37$ sind die weiblichen Familienmitglieder 11, 13 bzw. 37 Jahre alt. Wegen $3\,913 = 7 \cdot 13 \cdot 43$ sind die männlichen Familienmitglieder 7, 13 bzw. 43 Jahre alt. Daraus folgt, daß die 13jährigen Zwillinge unterschiedlichen Geschlechts sind.

1.16: $M = \{5; 9\}$.

1.17: Wenn $a = 7 + c$, dann gilt:
$(7 + c)(9 + c) + c(c - 2) - 2(7 + c)c = 63$.

1.18: Abbildung, Addition, Dezimalbruch, Dreieck, Elf, Faktor, Gerade, Gleichung, Kreis, Kugel, Meter, Plus, Quadrat, Rechteck, Strahl, Strecke, Summe, Trapez, Winkel, Ziffer. *Multiplikation.*

1.19: a) $a - \left(b + \dfrac{a^2}{2} \right)$.   b) $\dfrac{a}{5} \cdot \left(b + \dfrac{1}{b} \right) \cdot \dfrac{a^3}{125}$.

1.20: $\sqrt{169} + \sqrt{361} = 13 + 19 = 32$; $\sqrt{32} : \sqrt{2} = \sqrt{16} = 4$;
$4^{-1} \cdot 32 = 8$; $\log_2 8 = 3$.

1.21:

n	9^n	$3 \cdot 5^n$	n^3	$\dfrac{5}{n}$	$\dfrac{n}{5}$	$\sqrt{n}$	n^n
2	81	75	8	$\dfrac{5}{2}$	$\dfrac{2}{5}$	$\sqrt{2}$	4
$\dfrac{1}{2}$	3	$3\sqrt{5}$	$\dfrac{1}{8}$	10	$\dfrac{1}{10}$	$\dfrac{\sqrt{2}}{2}$	$\dfrac{\sqrt{2}}{2}$
-2	$\dfrac{1}{81}$	$\dfrac{3}{25}$	-8	$-\dfrac{5}{2}$	$-\dfrac{2}{5}$	n. def.	$\dfrac{1}{4}$
$-\dfrac{1}{2}$	$\dfrac{1}{3}$	$\dfrac{3}{5}\sqrt{5}$	$-\dfrac{1}{8}$	-10	$-\dfrac{1}{10}$	n. def.	n. def.
$0{,}25$	$\sqrt{3}$	$3\sqrt[4]{5}$	$\dfrac{1}{64}$	20	$\dfrac{1}{20}$	$\dfrac{1}{2}$	$\dfrac{\sqrt{2}}{2}$
$-0{,}25$	$\dfrac{1}{3} \cdot \sqrt{3}$	$\dfrac{3}{5} \cdot \sqrt[4]{125}$	$-\dfrac{1}{64}$	-20	$-\dfrac{1}{20}$	n. def.	n. def.

1.22:   a) $\sqrt{102} = \sqrt{100 + 2} \approx 10 + \dfrac{2}{20} = 10{,}1$;

$\sqrt{10{,}2} = \sqrt{9 + 1{,}2} \approx 3 + \dfrac{1{,}2}{6} = 3{,}2$;

$\sqrt{35{,}6} = \sqrt{36 - 0{,}4} \approx 6 - \dfrac{0{,}4}{12} \approx 5{,}97$.

b) Wir quadrieren die beiden Terme und erhalten $a^2 + b$ und $\left(a + \dfrac{b}{2a}\right)^2 = a^2 + b + \left(\dfrac{b}{2a}\right)^2$, also gilt

$a^2 + b < a^2 + b + \left(\dfrac{b}{2a}\right)^2$, d. h., der Näherungswert ist größer als der wahre Wert.

1.23:   Aus b) folgt $180 \,|\, a$, denn $4 \cdot 5 \cdot 9 = 180$. Es gilt somit $0 < 180 \cdot x < 4\,000$ für $x = 1, 2, 3, 4, \ldots, 22$. Aus d) folgt $11 \,|\, (180x - 8)$ bzw. $11 \,|\, 4(45x - 2)$; damit das Produkt $4(45x - 2)$ durch 11 teilbar ist, muß der zweite Faktor $45x - 2$ durch 11 teilbar sein. Aus $11 \,|\, (45x - 2)$ folgt $x = 2$, 13, 24, 35, 46, …
Nur $x = 13$ erfüllt die Ungleichung $0 < 180x < 4\,000$ unter den einschränkenden Bedingungen.
$M = \{2\,340\}$.

1.24:   Abb. 1.8.

[7]1	2	[2]1	■	[3]1	6	[4]8	[5]1
2	■	[6]1	[7]9	6	■	[8]8	1
[9]3	[10]6	■	[11]9	8	[12]1	■	1
[13]4	0	[14]1	■	[15]1	1	■	1
5	■	[16]2	[17]9	0	1	■	1
[18]6	[19]4	3	6	■	[20]1	[21]9	■
[22]7	9	4	■	[23]1	0	7	[24]2
[25]8	7	6	5	4	3	2	1

Abb. 1.8

1.25:   S: $9 + 21 = 30$; C: 15; H: 5,5; N: $28 - 17 = 11$;
E: $10 \cdot 19 = 190$; L: $25 : 1 = 25$; L: $\dfrac{10}{6} = 1\dfrac{2}{3}$; S: 24;
I: 4; C: 21; H: 8; E: $7 - 4 = 3$; R: 28.

1.26: Aus dem genannten Endprodukt ist die Quadratwurzel zu ziehen und das Ergebnis durch 5 zu dividieren. Wenn man davon nun noch 2 subtrahiert, erhält man die erste der gewählten Zahlen. Die vier folgenden Zahlen zu ergänzen, ist kein Problem.

Mathematische Grundlage: Der Mitspieler nennt das Endprodukt x:

$$x = [n + (n + 1) + (n + 2) + (n + 3) + (n + 4)] \cdot (n + 2) \cdot 5$$
$$= (5n + 10)(n + 2) \cdot 5$$
$$= 5(n + 2)(n + 2) \cdot 5$$
$$= [5(n + 2)]^2.$$

Mit $n = \frac{1}{5}\sqrt{x} - 2$ nennt er somit die erste der gewählten Zahlen.

> *Nichts macht sich von selbst,*
> *ohne Anstrengung und Wille,*
> *ohne Opfer und Arbeit.*
>
> ALEXANDER IWANOWITSCH HERZEN

2. Planimetrie

2.1: a) $u = \pi d \approx 16,8\,\mathrm{m}$;

$A = \frac{1}{4}\pi d^2 = \frac{1}{4}\pi \cdot 5,35^2\,\mathrm{m}^2 \approx 22,5\,\mathrm{m}^2.$

b) $A = \frac{1}{4}\pi(d_1^2 - d_2^2) = \frac{1}{4}\pi(4,5^2 - 3,8^2)\,\mathrm{cm}^2 \approx 4,6\,\mathrm{cm}^2.$

2.2: Aus $a + b = 24$ und $b = \frac{3}{5}a$ folgt $a + \frac{3}{5}a = 24$, also $a = 15$ und $b = 9$. Die Seiten des Rechtecks sind 15 cm und 9 cm lang.

2.3: a) $s^2 = (0{,}7^2 + 3{,}5^2)\,\text{m}^2 = 12{,}74\,\text{m}^2$; $s = 3{,}57\,\text{m}$.
b) $A = l \cdot s = (3{,}57 \cdot 15)\,\text{m}^2 \approx 53{,}55\,\text{m}^2$.

2.4: $a = \dfrac{2A}{h} - c = \dfrac{2A - ch}{h}$.

2.5: $\overline{ZD} : \overline{ZB} = \overline{ZC} : \overline{ZA}$; $\overline{ZD} = (\overline{ZB} \cdot \overline{ZC}) : \overline{ZA}$;
$\overline{ZD} = (12 \cdot 5)\,\text{cm}^2 : 3\,\text{cm} = 20\,\text{cm}$.

2.6: $\beta = \alpha + \gamma$, also $\gamma = \beta - \alpha = 60° - 20° = 40°$.

2.7: c) $A = \dfrac{1}{2} \cdot 2 \cdot 3\,\text{cm}^2 = 3\,\text{cm}^2$. d) $A' : A = 4 : 1$.

2.8: a) Wir konstruieren zunächst das Teildreieck ADC aus $\overline{AD} = q = 3{,}9\,\text{cm}$, $\overline{CD} = h_c = 5{,}2\,\text{cm}$ und dem rechten Winkel $\sphericalangle ADC$. B ist der Schnittpunkt der Geraden AD mit der Senkrechten zu AC in C.
b) $b^2 = q^2 + h_c^2 = (3{,}9^2 + 5{,}2^2)\,\text{cm}^2 = 42{,}25\,\text{cm}^2$; $b = 6{,}5\,\text{cm}$.
c) $p \cdot q = h_c^2$, $p = h_c^2 : q = (5{,}2^2 : 3{,}9)\,\text{cm} \approx 6{,}9\,\text{cm}$.

2.9: a) Abb. 2.14. b) Abb. 2.15.

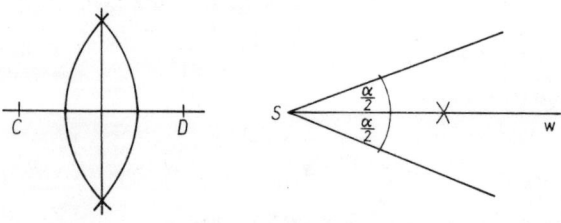

Abb. 2.14   Abb. 2.15

2.10: a) $\gamma = \delta = 38°$. b) $\delta = 2\gamma = 92°$.

2.11: (1) $3{,}5 > \pi$; (2) $3{,}1408 < \pi$; (3) $3{,}125 < \pi$;
(4) und (5) $3{,}1415929 > \pi$; (6) $3{,}1417 > \pi$. Die Werte (4) und (5) kommen der Zahl π am nächsten.

2.12: c) Über $\overline{AB} = c$ als Durchmesser zeichnen wir einen Halbkreis (Thaleskreis). Die Parallele zu AB im Abstand $h_c = 3$ cm schneidet den Halbkreis in den Punkten C und C'. Wir erhalten die beiden rechtwinkligen Dreiecke $\triangle ABC$ und $\triangle ABC'$.

d) Jeder Peripheriewinkel über dem Durchmesser eines Kreises ist ein rechter Winkel (Satz des Thales).

2.13: Nichts ist getan, wenn noch etwas zu tun übrig ist.

2.14: a) $A_1 = \pi r_1^2 \approx 1\,500$ dm²;

$r_1 = \sqrt{\dfrac{1\,500}{\pi}}$ dm $\approx 21,85$ dm.

b) $u_1 = 2\pi r_1 \approx 137,29$ dm.

2.15: Zum Beispiel: Abb. 2.16.

2.16: a) $\overline{AD} = 45$ cm, $\overline{BC} = 53$ cm.   c) $A = 1\,800$ cm².

2.17: Abb. 2.17.

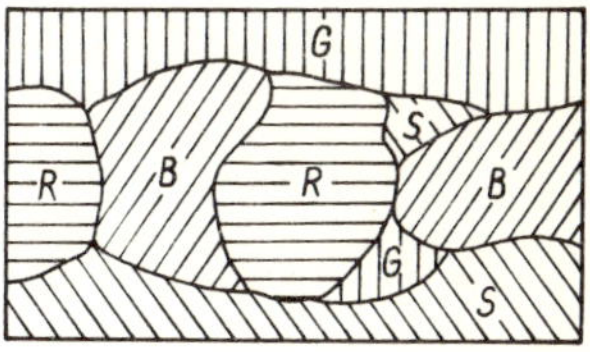

Abb. 2.16

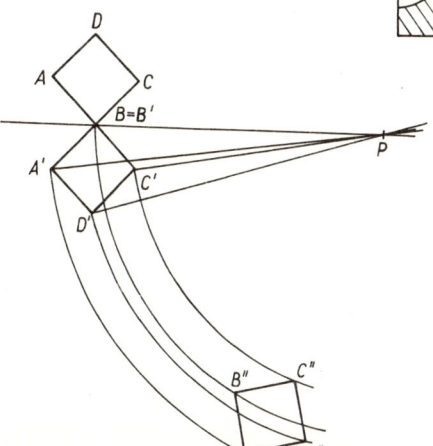

Abb. 2.17

2.18: Abb. 2.18.

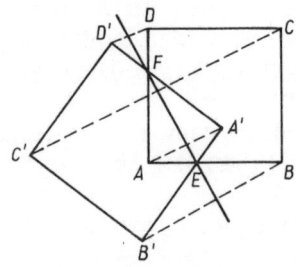

Abb. 2.18

2.19: (1) Es sei *ABCDE* ein konvexes Fünfeck. Man zeichne die Diagonale $\overline{BD}$ und die Parallele zu *BD* durch *C*; sie schneide die Gerade *AB* in *F*. Man verbinde *F* mit *D*. Dann ist das Viereck *AFDE* flächengleich dem Fünfeck *ABCDE*, denn die Dreiecke △ *DBC* und △ *DBF* sind flächengleich, da sie die Seite $\overline{DB}$ gemeinsam haben und die zu dieser Seite gehörenden Dreieckshöhen gleich lang sind (Abb. 2.19). Auf diese Weise läßt sich das Viereck *AFDE* in ein flächengleiches Dreieck *GFD* verwandeln.

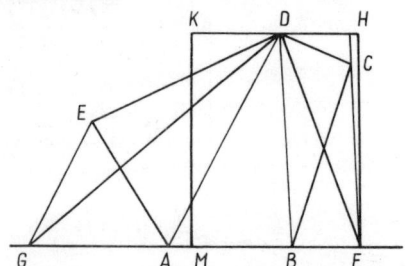

Abb. 2.19

(2) Es sei *M* der Mittelpunkt der Dreieckseite $\overline{GF}$. Über $\overline{MF}$ zeichnen wir ein Rechteck *MFHK*, dessen Seite $\overline{FH}$ die gleiche Länge hat wie die Höhe des Dreiecks *GFD* zur Seite $\overline{GF}$.

2.20: Wegen $3 \cdot 36° - \dfrac{36°}{4} = 99°$ läßt sich aus einem Winkel der Größe 36° ein Winkel der Größe 99° wie folgt konstruieren: Wir verdreifachen mit dem Zirkel den gegebenen

Winkel der Größe 36° und erhalten einen Winkel der Größe 108°. Durch zweimaliges Halbieren des gegebenen Winkels von 36° erhalten wir einen Winkel der Größe 9°, der von dem Winkel der Größe 108° durch Abtragen zu subtrahieren ist.

2.21: a) $\alpha = 55°$.   b) $\alpha = 110°$.   c) $\alpha = 55°$.

2.22: Abb. 2.20.

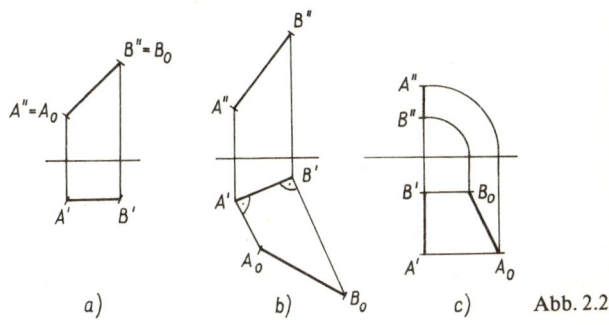

a)   b)   c)   Abb. 2.20

2.23: Zum Beispiel: Abb. 2.21.

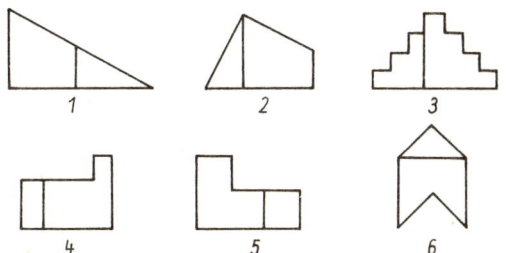

1   2   3

4   5   6   Abb. 2.21

2.24: a) $A = (8 \cdot 8 - 3 \cdot 8 - 3 \cdot 5) \ \mathrm{cm}^2 = 25 \ \mathrm{cm}^2$.

b) x sei der unbekannte Radius, dann gilt:

$$x^2 + x^2 = (r - x)^2, \quad 0 < x < \frac{r}{2};$$

$$x_{1,2} = -r \pm \sqrt{r^2 + r^2};$$

$$x = (\sqrt{2} - 1) \cdot r.$$

$$A = \pi(\sqrt{2} - 1)^2 \cdot r^2 \approx 0,54 \text{ cm}^2 \text{ (Abb. 2.22).}$$

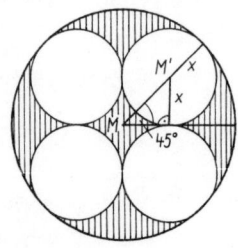

Abb. 2.22   Abb. 2.23

c) x sei der unbekannte Radius, dann gilt:

$$x^2 + \left(\frac{r - x}{2}\right)^2 = (r - x)^2, \quad 0 < x < \frac{r}{2};$$

$$x_{1,2} = (-3 \pm \sqrt{12}) r; \quad x = (-3 + \sqrt{12}) r,$$

$$A = \pi(-3 + \sqrt{12})^2 r^2 \approx 0,68 \text{ cm}^2 \text{ (Abb. 2.23).}$$

*Bekanntlich ist man auf nichts so stolz wie
auf das, was man seit zwei Minuten weiß.*

KURT TUCHOLSKY

3. Lineare Gleichungen und Ungleichungen

3.1: $2x^2 + 6x - 5x - 15 = 2x^2 - 3x + 4 + 9; \quad L = \{7\}.$

3.2: $a \neq 0, \quad b \neq 0, \quad a \neq b.$ Aus $\quad bx - ax = ab \quad$ folgt
$x = \dfrac{ab}{b - a}.$

3.3: $\dfrac{x}{3} = \dfrac{x}{4} + 3$; $\quad 4x = 3x + 36$; $\quad x = 36$.

3.4: a) Abb. 3.3.

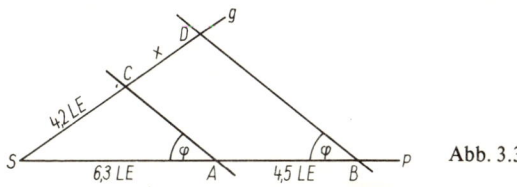

Abb. 3.3

b) $x = \dfrac{4{,}5 \cdot 4{,}2}{6{,}3} = 3$.

3.5: Aus $6\,\text{cm} \cdot b = 10\,\text{cm} \cdot (b - 1\,\text{cm})$ folgt $b = 2{,}5\,\text{cm}$.

3.6: a) $x < 3{,}2$. Die ungeraden natürlichen Zahlen 1 und 3 erfüllen diese Ungleichung.
b) $M = \{16, 17, 18, 19\}$; $\quad M_1 = \{17; 19\}$.

3.7: a) $12 - x > 3x + 6$; $\quad 4x < 6$;
$L = \{x \mid x < 1{,}5 \text{ und } x \in \mathsf{R}\}$.
b) z. B. $\dfrac{2}{3}$, $\dfrac{1}{7}$, $\dfrac{3}{4}$. $\qquad$ c) 0; 1.

3.8: a) $-8x < 32$; $x > -4$; $\quad L = \{x \mid x > -4 \text{ und } x \in \mathsf{R}\}$.
b) $-8 \notin L$; $\quad 3 \in L$; $\quad 0 \in L$; $\quad -\dfrac{1}{2} \in L$; $\quad -4 \notin L$; $\quad 5{,}2 \in L$.

3.9: a) $4x < 20$; $\quad L = \{x \mid x < 5 \text{ und } x \in \mathsf{R}\}$; $\quad 0, 1, 2, 3, 4$.
b) $11x + 1 > 5x + 13$; $\quad L = \{x \mid x > 2 \text{ und } x \in \mathsf{R}\}$; $\quad 3, 4, 5, 6, 7, 8, 9$.
c) $M_1 \cap M_2 = \{3; 4\}$.

3.10: a) $16x + 8 < 15x + 10$; $\quad L = \{x \mid x < 2 \text{ und } x \in \mathsf{R}\}$.
b) $L_1 = \{0; 1\}$; $\quad L_2 = \{-3, -2, -1, 0\}$. $\quad M = \{0\}$.

3.11: a) $k = \dfrac{a^2}{1-a}$, $a \neq 1$.

b) $k = \dfrac{a}{a-1}$, $a \neq 1$.   c) $k = \dfrac{a(a+1)}{a-1}$, $a \neq 1$.

3.12: In der 1., 3., 5. bzw. 7. Zeile des Quadrates müssen folgende Gleichungen stehen:

$8 \cdot 2 - 1 = 15$; $11 + 14 : 7 = 13$;
$9 - 16 : 4 = 5$; $6 + 12 : 3 = 10$;   oder:
$9 - 12 : 3 = 5$; $6 + 16 : 4 = 10$.

3.13: $[(x \cdot 5 + 2) \cdot 4 + 3] \cdot 5 = n$; $100x + 55 = n$. Die gesuchte Zahl x erhält man, wenn man vom errechneten Ergebnis n die beiden letzten Ziffern (55) wegläßt.
Beispiel: $n = 1755$; $x = 17$.

3.14: $x = 9$.

3.15: a) Aus $p < q$ folgt nach Division durch p bzw. q:
$1 < \dfrac{q}{p}$ bzw. $\dfrac{p}{q} < 1$. Daraus folgt weiter $\dfrac{p}{q} < 1 < \dfrac{q}{p}$.

b) Man bildet $\dfrac{q}{p} - 1 = \dfrac{q-p}{p}$ und $1 - \dfrac{p}{q} = \dfrac{q-p}{q}$. Da $p < q$ und somit $\dfrac{1}{p} > \dfrac{1}{q}$ ist, gilt $\dfrac{q-p}{q} < \dfrac{q-p}{p}$. Also liegt $\dfrac{p}{q}$ näher an 1 als $\dfrac{q}{p}$.

3.16: $x = 4$.

3.17: *1. Fall*: $x - 1 \geqq 0$, d. h. $x \geqq 1$; $|x-1| = x-1$.
$x + x - 1 = 1$; $L_1 = \{1\}$.
2. Fall: $x - 1 < 0$; d. h. $x < 1$ (und $x \geqq 0$);
$|x-1| = -(x-1)$.
$x + (-x+1) = 1$; $L_2 = \{x \mid 0 \leqq x < 1 \text{ und } x \in \mathsf{R}\}$.
$L = L_1 \cup L_2 = \{x \mid 0 \leqq x \leqq 1 \text{ und } x \in \mathsf{R}\}$.

3.18: $1 + 9 - 8 + 2 + 7 - 6 + 5 - 4 + 3 - 2 + 5 - 6 + 7 - 8$
$+ 9 - 1 - 9 + 4 - 1 + 3 - 5 - 4 - 1 = 0$;
oder: $1 + 4 - 3 - 5 + 8 - 4 - 1 = 0$.

3.19: $49x + x = 25$. Die Summanden heißen $\dfrac{1}{2}$ und $\dfrac{49}{2}$.

3.20: a) $3x + 3 = 3^3 - 3x$; $x = 4$.

b) $\dfrac{x}{4} + 4 = 4x - 4$; $x = 2\dfrac{2}{15}$.

3.21: $A = 7$; $C = 13$; $F = 2$; $G = 53$; $U = 5$; $S = 1$.

3.22: a) $L_1 = \left\{ x \mid x < \dfrac{3}{2} \text{ und } x \in \mathbb{R} \right\}$.

b) $L_2 = \left\{ x \mid x < \dfrac{3}{2} \text{ und } x \in \mathbb{R}^* \right\}$. c) $L_3 = \{0; 1\}$.

3.23: a ist wegen (1) eine der Zahlen 0, 1, 2, 3. Für $a = 0$ folgt aus (2) $b < 0$ (Widerspruch zur Eigenschaft von b, natürliche Zahl zu sein), also ist $a \neq 0$. Für $a = 1$ folgt aus (2) zunächst $b = 0$ und damit $a + b = 1$ (Widerspruch zu (3)), also ist $a \neq 1$. Für $a = 2$ folgt aus (2) $b < 2$, und aus (3) folgt $b > 0$, also $b = 1$. Für $a = 3$ folgt aus (2) die Ungleichung $b < 3$. Daher können nur die Paare [2; 1], [3; 0], [3; 1], [3; 2] alle Bedingungen erfüllen.

3.24: $\dfrac{5^{10}}{7^{10}} + \dfrac{6^{10}}{7^{10}} < 1$; $\left(\dfrac{5}{7}\right)^{10} + \left(\dfrac{6}{7}\right)^{10} < 1$. Aus $5^3 + 6^3$ $= 125 + 216 = 341$ und $7^3 = 343$ folgt $5^3 + 6^3 < 7^3$. Daraus folgt weiter $\left(\dfrac{5}{7}\right)^3 + \left(\dfrac{6}{7}\right)^3 < 1$. Wegen $\left(\dfrac{5}{7}\right)^{10} < \left(\dfrac{5}{7}\right)^3$ und $\left(\dfrac{6}{7}\right)^{10} < \left(\dfrac{6}{7}\right)^3$ gilt somit $\left(\dfrac{5}{7}\right)^{10} + \left(\dfrac{6}{7}\right)^{10} < 1$. Also ist die Aussage $5^{10} + 6^{10} < 7^{10}$ wahr.

Man kommt über seine Fehler hinweg,
wenn man die Kraft hat, sie zuzugeben.

François La Rochefoucauld

4. Quadratische Gleichungen und Gleichungssysteme

4.1: $x^2 + \dfrac{a}{2} \cdot x - \dfrac{a^2}{2} = 0; \quad L = \left\{ \dfrac{a}{2}; \; -a \right\}.$

4.2: a) $L = \{5; \; 9\}.$

b) $x \cdot (x - 6) = 0; \quad L = \{0; \; 6\}.$

c) $x^2 + \dfrac{7}{4} x - \dfrac{1}{2} = 0; \quad L = \left\{ \dfrac{1}{4}; \; -2 \right\}.$

d) $x^2 + 2x - 8 = 0; \quad L = \{2; \; -4\}.$

e) $\dfrac{2(3x - 1)}{2x + 3} = \dfrac{34x^2 + 31x - 8}{4(2x - 3)(2x + 3)} - \dfrac{x + 1}{2x - 3};$

$x^2 - \dfrac{9}{2} x + 2 = 0; \quad L = \left\{ 4; \; \dfrac{1}{2} \right\}.$

f) $x^2 - 2x - \dfrac{5}{4} = 0; \quad L = \left\{ \dfrac{5}{2}; \; -\dfrac{1}{2} \right\}.$

4.3: a) $L = \{-1; \; -3\}.$

b) Die Gleichung besitzt eine Doppellösung, wenn $\dfrac{p^2}{4} - q = 0$ gilt. Für $p = 4$ erhalten wir $\dfrac{16}{4} - q = 0$. Somit hat die Gleichung $x^2 + 4x + q = 0$ für $q = 4$ eine Doppellösung, nämlich $x_1 = x_2 = -2$.

4.4: a) $D = \dfrac{a^2}{4} - c.$

b) $D > 0$: zwei verschiedene reelle Lösungen,
$D = 0$: zwei gleiche reelle Lösungen (Doppellösung),
$D < 0$: keine reelle Lösung.

(1) $\dfrac{0}{4} - \dfrac{1}{5} = -\dfrac{1}{5} < 0$: keine reelle Lösung;

(2) $\dfrac{a^2}{4} - \dfrac{a^2}{4} = 0$: zwei gleiche reelle Lösungen (Doppel-lösung).

4.5: Die beiden natürlichen Zahlen seien x und y. Dann gilt das Gleichungssystem
(1) $x - y = \quad 6$
(2) $x \cdot y \; = 216$.
$y^2 + 6y - 216 = 0$; $y_1 = 12$; $y_2 = -18$.
Dann wird $y_1 = y = 12$ in (1) eingesetzt, und es folgt $x = 18$.
Die beiden natürlichen Zahlen lauten 12 und 18.

4.6: $L = \{(7; \; -4)\}$.

4.7: $x + y = 4$; $3x - 2y = 52$; $L = \{(12; \; -8)\}$.

4.8: $L = \{(2; \; a)\}$.

4.9: a) $L = \left\{ \left(\dfrac{1}{2}(s + t); \; \dfrac{1}{2}(s - t) \right) \right\}$.

b) $L = \left\{ \left(\dfrac{s}{2} + 3; \; \dfrac{s}{2} - 3 \right) \right\}$. Für $s = 2n$ mit $n = 0, \pm 1, \pm 2,$ $\pm 3, \ldots$ hat dieses Gleichungssystem ganzzahlige Lösungen.

4.10: $L = \{(2; \; -1)\}$; Abb. 4.2.

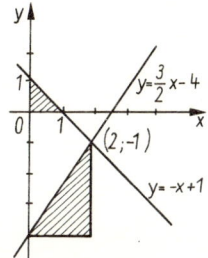

Abb. 4.2

4.11: $n^2 + (2n)^2 + (4n)^2 = 189$; $21n^2 = 189$; $n^2 = 9$; $n_1 = 3$; $n_2 = -3$. Es existieren zwei Lösungen, nämlich $(-3, -6, -12)$ und $(3, 6, 12)$.

4.12: a) $L = \{-3; -7\}$.
b) $L = \{806; 180\}$.

c) $x_{1,2} = \frac{1}{2} \cdot (m \pm \sqrt{m^2 - 4n})$;

$L = \left\{ \frac{1}{2}(m + \sqrt{m^2 - 4n}); \frac{1}{2}(m - \sqrt{m^2 - 4n}); n \leqq \frac{m^2}{4} \right\}$.

d) $x^2 + 900x - 99\,890{,}01 = 0$; $L = \{99{,}9; -999{,}9\}$.

4.13: $D = \frac{p^2}{4} - q = 1 - q$;

a) für $q > 1$, b) für $q = 1$, c) für $q < 1$.

4.14: Wir subtrahieren die zweite von der ersten Gleichung und erhalten $x^2 - x^2 + ax - x + 1 - a = 0$, $x(a - 1) - (a - 1) = 0$, $(x - 1)(a - 1) = 0$. Für $a = 1$ erhalten wir zwei identische Gleichungen $x^2 + x + 1 = 0$, die keine reellen Lösungen besitzen. Für $a \neq 1$ und $x = 1$ erhält man aus der ersten Gleichung $a = -2$, d. h. $x^2 - 2x + 1 = 0$ und $x^2 + x - 2 = 0$; $x_1 = 1$. Die gegebenen Gleichungen haben für $a = -2$ eine gemeinsame Lösung.

4.15: $|3x^2 + 5x| = 2$.
a) $3x^2 + 5x = 2$, falls $3x^2 + 5x \geqq 0$, oder
b) $3x^2 + 5x = -2$, falls $3x^2 + 5x < 0$.

Zu a) $3x^2 + 5x = 2$ hat die Lösungen $x_1 = \frac{1}{3}$; $x_2 = -2$. Für beide Lösungen gilt $3x^2 + 5x \geqq 0$.

Zu b) $3x^2 + 5x = -2$ hat die Lösungen $x_3 = -\frac{2}{3}$; $x_4 = -1$. Für beide Lösungen gilt $3x^2 + 5x < 0$.

$L = \left\{ \frac{1}{3}, -\frac{2}{3}, -1, -2 \right\}$.

4.16: Mögliche Lösungen:

$(1 + 2) : 3 = 1,$

$12 : 3 : 4 = 1,$

$[(1 + 2) : 3 + 4] : 5 = 1,$

$(12 : 3 : 4 + 5) : 6 = 1,$

$12 - 3 - 4 - 5 - 6 + 7 = 1,$

$\{[(1 + 2) : 3] \cdot 4 + 5 + 6 - 7\} : 8 = 1,$

$-(1 \cdot 2 \cdot 3 \cdot 4) - 5 + 6 + 7 + 8 + 9 = 1.$

4.17: $(n - 1)(n + 1) = 483;$ $n^2 - 1 = 483;$ $n = 22.$

4.18: $(n - 1)^2 + n^2 + (n + 1)^2 + (n + 2)^2 = 630;$
$n^2 + n - 156 = 0;$ $n_1 = 12;$ $n_2 = -13$ (entfällt, da keine natürliche Zahl). Die Zahlen lauten 11, 12, 13, 14.

4.19: a) $L = \{(5; 3)\}$. b) $L = \{(5; 14)\}$. c) $L = \{(-7; -3)\}$.

4.20: $8 \cdot (z + 2) + z^2 = 49;$ $z_1 = 3;$ $z_2 = -11$ (entfällt, da keine natürliche Zahl); $y = 5;$ $z = 3.$

4.21: Addieren wir die Gleichungen (1) und (3), so erhalten wir $a^2 + a = 12;$ $a_1 = 3;$ $a_2 = -4.$ Durch Einsetzen in (1) bzw. (2) erhalten wir $b_1 + c_1 = 3$ bzw. $b_1 : c_1 = 2,$ also $b_1 = 2,$ $c_1 = 1$ und $b_2 + c_2 = 10$ bzw. $b_2 : c_2 = (-3) : 2,$ also $b_2 = 30,$ $c_2 = -20.$ Das Gleichungssystem besitzt zwei Lösungen, nämlich (3, 2, 1) und (−4, 30, −20).

4.22: In Gleichung (1) kann es sich nur um ein Produkt handeln; es gilt somit $aab \cdot c = adde.$ Dann kann es sich in Gleichung (2) nur um einen Quotienten handeln; es gilt deshalb $ccc : f = fff.$
Es sind hierfür zunächst zwei Fälle möglich, nämlich $444 : 2 = 222$ und $999 : 3 = 333.$ Deshalb handelt es sich bei Gleichung (3) um eine Differenz ($adde - c = ccc$), in Gleichung (4) um eine Summe ($fff + g = fhd$). Wegen $444 + 4 = 448 < adde$ entfällt $c = 4.$ Deshalb gilt nur $999 : 3 = 333,$ also $c = 9$ und $f = 3.$ Wegen $999 + 9 = 1\,008$ gilt $a = 1,$ $d = 0,$ $e = 8.$ Wegen $1\,008 : 9 = 112$ gilt $b = 2.$ We-

gen $333 + g = 3h0$ gilt $g = 7$ und $h = 4$. Ergebnis: (1) $112 \cdot 9 = 1\,008$; (2) $999 : 3 = 333$; (3) $1\,008 - 9 = 999$; (4) $333 + 7 = 340$.

4.23:

n	k	z	q	q^k
7	4	2 401	7	7^4
8	3	512	8	8^3
9	2	81	9	9^2
17	3	4 913	17	17^3
18	3	5 832	18	18^3
22	4	234 256	22	22^4
25	4	390 625	25	25^4
26	3	17 576	26	26^3
27	3	19 683	27	27^3
28	4	614 656	28	28^4
28	5	17 210 368	28	28^5
35	5	52 521 875	35	35^5
36	4	1 679 616	36	36^4
36	5	60 466 176	36	36^5
18	6	34 012 224	18	18^6

4.24: a) $28^3 = 21\,952$. b) $\sqrt{50\,625} = 225$.
c) $222 \cdot 222 = 49\,284$. d) $43^3 = 79\,507$ und $4 + 3 = 7$.

4.25: Abb. 4.3.

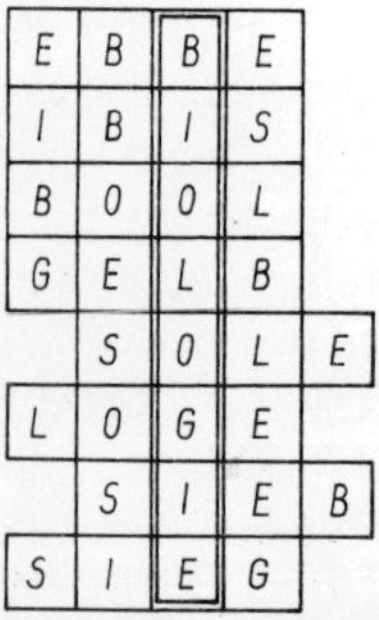

Abb. 4.3

Alles gelernt, nicht um es zu zeigen,
sondern es zu nutzen.

GEORG CHRISTOPH LICHTENBERG

5. Beweise

5.1: a) $4 \mid (11^2 - 1)$; $4 \mid 120$, denn $4 \cdot 30 = 120$.
b) $2n + 1$ stellt für $n = 0, 1, 2, 3, \ldots$ eine ungerade natürliche Zahl dar.
c) $(2n + 1)^2 - 1 = 4n^2 + 4n + 1 - 1 = 4n(n + 1)$; das Produkt enthält den konstanten Faktor 4; es ist also stets durch 4 teilbar.

5.2: a) $n + 1$, $n + 2$. b) Es gilt $s = n + (n + 1) + (n + 2)$ $= 3n + 3 = 3(n + 1)$; die Summe s ist somit stets durch 3 teilbar.

5.3: $s' = n + (n + 1) + (n + 2) + (n + 3) + (n + 4) = 5n + 10$, $s' = 5(n + 2)$; die Summe s' ist stets durch 5, aber nicht stets durch 10 teilbar.

5.4: b) Es gilt $\overline{AB} = \overline{AB}$ (gemeinsame Dreiecksseite), $\sphericalangle EAB \cong \sphericalangle ABD$ (Basiswinkel im gleichschenkligen Dreieck ABC), $\overline{AE} = \overline{BD}$ (halbe Länge der Schenkel). Daraus folgt $\triangle ABD \cong \triangle ABE$ (Kongruenzsatz *SWS*).

5.5: a) Abb. 5.10.

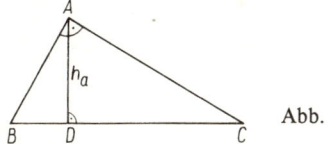

Abb. 5.10

b) $\sphericalangle CAB \cong \sphericalangle BDA$ (beides rechte Winkel), $\sphericalangle ABD \cong \sphericalangle ABC$ (beide Dreiecke stimmen in diesem Winkel überein). Beide Dreiecke stimmen also in zwei Winkeln überein; nach dem Hauptähnlichkeitssatz gilt deshalb $\triangle ABC \sim \triangle ABD$.

5.6: b) $h^2 = a^2 - \left(\dfrac{a}{2}\right)^2 = \dfrac{3a^2}{4}$, $h = \dfrac{a}{2}\sqrt{3}$.

c) $\sin 60° = \dfrac{h}{a} = \left(\dfrac{a}{2}\sqrt{3}\right) : a = \dfrac{1}{2}\sqrt{3}$.

5.7: b) $\sphericalangle ABM \cong \sphericalangle NDA$ (rechte Winkel), $\overline{AB} \cong \overline{AD}$ (Quadratseiten), $\overline{BM} \cong \overline{DN}$ (halbe Länge einer Quadratseite), folglich $\triangle ABM \cong \triangle AND$ (Kongruenzsatz *SWS*), also auch $\overline{AM} \cong \overline{AN}$.

5.8: a) Abb. 5.11.

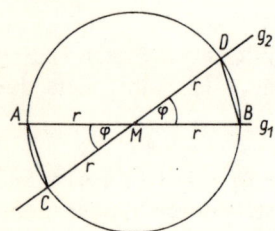

Abb. 5.11

b) Wegen $\overline{MA} \cong \overline{MB} \cong \overline{MC} \cong \overline{MD}$ (Länge des Radius *r*) und $\sphericalangle CMA \cong \sphericalangle DMB$ (Scheitelwinkel) gilt $\triangle MAC \cong \triangle MBD$ (Kongruenzsatz *SWS*).

5.9: a) $\overline{M_1 A} \cong \overline{M_1 B}$ (Länge von r_1), $\overline{M_2 A} \cong \overline{M_2 B}$ (Länge von r_2), $\overline{M_1 M_2} \cong \overline{M_1 M_2}$; somit stimmen beide Dreiecke in den drei Seiten überein, und es gilt $\triangle M_1 A M_2 \cong \triangle M_2 B M_1$ (Kongruenzsatz *SSS*).
b) Da kongruente Dreiecke in ihren Winkeln übereinstimmen, gilt $\sphericalangle M_1 A M_2 \cong \sphericalangle M_2 B M_1$.

5.10: a) $\sphericalangle BEA = 90°$ (nach dem Satz des Thales); folglich ist das Dreieck *ABE* rechtwinklig.
b) Wegen $\sphericalangle FMB + \sphericalangle BEF = 90° + 90° = 180°$ gilt $\sphericalangle EFM = 180° - 70° = 110°$.
c) $\sphericalangle FAM \cong \sphericalangle EAB$, $\sphericalangle AMF \cong \sphericalangle BEA$ (rechte Winkel); beide Dreiecke stimmen in zwei Winkeln überein. Nach dem Hauptähnlichkeitssatz gilt somit $\triangle ABE \sim \triangle AMF$.

5.11: Da $\triangle ABO$ ein gleichseitiges Dreieck mit drei Winkeln von je 60° ist, ist der Kreissektor OAB ein Sechstel der Kreisfläche mit dem Radius r. Folglich ist $P + Q = \dfrac{1}{6}\pi r^2$,

$Q + R = \dfrac{1}{2}\pi\left(\dfrac{1}{2}r\right)^2 = \dfrac{1}{8}\pi r^2$. Man subtrahiert diese Gleichungen und erhält $P - R = \dfrac{1}{24}\pi r^2$. Eliminiert man aus diesen Gleichungen r, dann ist $6(P + Q) = 8(Q + R) = \pi r^2$ und demzufolge $3P = Q + 4R$.

5.12: Es sei $a \geq b$; dann gilt ohne Beschränkung der Allgemeingültigkeit $2a^2 + 2b^2 = a^2 + 2ab + b^2 + a^2 - 2ab + b^2$ $= (a + b)^2 + (a - b)^2$. Der Term $2a^2 + 2b^2$ läßt sich also als Summe der Quadrate der beiden natürlichen Zahlen $a + b$ und $a - b$ darstellen.

5.13: a) Aus $0 \leq (a - b)^2$ folgt schrittweise $0 \leq a^2 - 2ab$ $+ b^2$, $4ab \leq a^2 + 2ab + b^2$, $4ab \leq (a + b)^2$, $ab \leq \dfrac{1}{4}\cdot(a + b)^2$,

$\sqrt{ab} \leq \dfrac{a + b}{2}$.

b) Die Quadratwurzel $\sqrt{ab}$ ist nur für $ab \geq 0$ definiert.
Wenn $a < 0$ und $b > 0$, so $ab < 0$,
wenn $a > 0$ und $b < 0$, so $ab < 0$,
wenn $a > 0$ und $b > 0$, so $ab > 0$,
wenn $a < 0$ und $b < 0$, so $ab > 0$, also $\sqrt{ab} > 0$, aber $\dfrac{a + b}{2} < 0$, also $\dfrac{a + b}{2} < \sqrt{ab}$ (Widerspruch).

c) Wenn $a = b$, so $\sqrt{ab} = \dfrac{a + b}{2}$, denn $\sqrt{a^2} = \dfrac{2a}{2}$, $a = a$.

5.14: $T_1 = \dfrac{1}{\sqrt{6} - \sqrt{5}} = \dfrac{\sqrt{6} + \sqrt{5}}{6 - 5} = \sqrt{6} + \sqrt{5};$

$$T_2 = \frac{3}{\sqrt{5} - \sqrt{2}} + \frac{4}{\sqrt{6} + \sqrt{2}} = \frac{3(\sqrt{5} + \sqrt{2})}{3} + \frac{4(\sqrt{6} - \sqrt{2})}{4}$$

$$= \sqrt{6} + \sqrt{5}, \text{ also } T_1 = T_2.$$

5.15: a) Man kann das Wort INSERAT auf 15 verschiedene Weisen lesen (Bezeichnung der Zeilen mit a, b, c; der Spalten mit 1; 2; 3; 4; 5),

z. B. a1 − a2 − a3 − a4 − a5 − b5 − c5;

a1 − a2 − b2 − b3 − b4 − b5 − c5;

a1 − b1 − c1 − c2 − c3 − c4 − c5 usw.

5.16: Jede dreistellige natürliche Zahl z läßt sich in der Form $z = 100a + 10b + c$ schreiben, wobei a, b, c natürliche Zahlen sind, für die $1 \leq a \leq 9$; $0 \leq b \leq 9$; $0 \leq c \leq 9$ gilt. Die Zahl z' mit der umgekehrten Ziffernfolge lautet dann $z' = 100c + 10b + a$, und die Differenz $z - z'$ beider Zahlen heißt

$$z - z' = 100a + 10b + c - (100c + 10b + a)$$
$$= 99a - 99c = 99(a - c),$$

d. h., $z - z'$ ist durch 99 teilbar.

5.17: Aus $h^2 = p \cdot q$ folgt $p : h = h : q$. Die Dreiecke $\triangle ADC$ und $\triangle DBC$ stimmen im Verhältnis zweier Seiten und dem von diesen Seiten eingeschlossenen rechten Winkel überein. Deshalb gilt $\triangle ADC \sim \triangle DBC$. Daraus folgt, daß der Winkel $\sphericalangle BCD$ die Größe α hat. Ferner hat der Winkel $\sphericalangle DCA$ die Größe $90° - \alpha$, und somit hat der Winkel $\sphericalangle BCA$ die Größe $90° - \alpha + \alpha = 90°$, d. h., Dreieck ABC hat einen rechten Winkel bei C, also ist $\overline{AB}$ die Hypotenuse.

5.18: Wir verbinden C mit D und erhalten die Dreiecke $\triangle ADC$ und $\triangle DBC$. Nun gilt $A_{ABC} = A_{ADC} + A_{DBC}$,

$$\frac{1}{2} \cdot a \cdot h = \frac{1}{2} \cdot a \cdot \overline{FD} + \frac{1}{2} \cdot a \cdot \overline{ED}, \quad h = \overline{ED} + \overline{FD}.$$

5.19: Nach dem Satz über die Innenwinkelsumme im Viereck gilt für jedes Viereck mit den genannten Innenwinkelgrößen $\alpha + 2\alpha + 3\alpha + 4\alpha = 360°$.

Daraus folgt $\sphericalangle DAB + \sphericalangle CDA = \alpha + 4\alpha = 180°$. Nach der Umkehrung des Satzes über entgegengesetzt liegende Winkel an geschnittenen Parallelen gilt somit $AB \parallel DC$, also ist $ABCD$ ein Trapez.

5.20: Es seien E, F, G, H die Berührungspunkte des Inkreises des Tangentenvierecks $ABCD$ mit den Seiten $\overline{AB}$, $\overline{BC}$, $\overline{CD}$, $\overline{AD}$; dann gilt $\overline{AE} = \overline{AH}$, $\overline{BE} = \overline{BF}$, $\overline{CG} = \overline{CF}$, $\overline{DG} = \overline{DH}$. Durch Addition dieser vier Gleichungen erhalten wir $\overline{AE} + \overline{BE} + \overline{CG} + \overline{DG} = \overline{AH} + \overline{BF} + \overline{CF} + \overline{DH}$, also $\overline{AB} + \overline{CD} = \overline{BC} + \overline{AD}$ (Abb. 5.12).

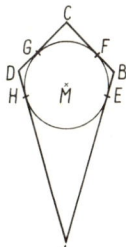

Abb. 5.12

5.21: Auf Grund der Voraussetzung schneiden sich zunächst die beiden Geraden AF und CD im Punkte P. Nun sind $\sphericalangle CDF = \sphericalangle DCA$ (Größe α) und $\sphericalangle CAF = \sphericalangle DFA$ (Größe β) als Paare von Wechselwinkeln an geschnittenen Parallelen, aber auch $\overline{AC} = \overline{DF}$. Daraus folgt $\triangle DFP \cong \triangle CAP$ und somit $\overline{PA} = \overline{PF}$, $\overline{PC} = \overline{PD}$.

Drehen wir das Dreieck DFP um P als Drehzentrum um einen Winkel der Größe 180°, so fällt F mit A, D mit C und E mit B zusammen. Da bei einer Drehung um 180° Originalpunkt, Drehpunkt und Bildpunkt auf einer Geraden liegen, gehen die drei Verbindungsgeraden AF, CD und BE durch genau einen Punkt, nämlich durch P.

5.22: Es seien A_0, A_1, A_2, A_3 die Flächeninhalte der Dreiecke ABC, AKD, BEF, CGH; dann gilt

$$A_0 = \frac{1}{2} bc \cdot \sin \alpha \text{ und } A_1 = \frac{1}{2} bc \cdot \sin(180° - \alpha) = \frac{1}{2} bc \cdot \sin \alpha,$$

also $A_0 = A_1$. Analog dazu gilt $A_0 = A_2 = A_3$.

5.23: $n + (n + 1) + (n + 2) + (n + 3) = 4n + 6 = 4(n + 1) + 2$.

5.24: Abb. 5.13.

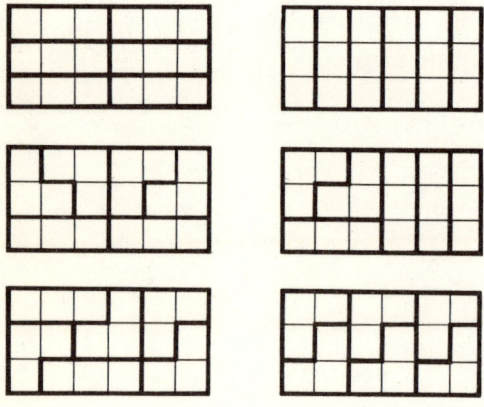

Abb. 5.13

5.25: a) $1 + 3 + 5 + \ldots + 97 + 99 = (1 + 99) + (3 + 97) + \ldots + (49 + 51) = 25 \cdot 100 = 2\,500$.

b) Für arithmetische Folgen 1. Ordnung gilt die Summenformel $s_n = \frac{n}{2} \cdot (a_1 + a_n)$. Wegen $a_1 = 1$ und $a_n = 2n - 1$ erhalten wir durch Einsetzen

$$s_n = \frac{n}{2} \cdot [1 + (2n - 1)] = \frac{n}{2} \cdot 2n = n^2.$$

5.26:   Abb. 5.14.

¹1	²5	■	³1	⁴2	⁵8
⁶6	4	⁷1	■	⁸1	2
■	■	⁹6	¹⁰3	■	3
¹¹1	¹²1	9	■	¹³2	■
¹⁴8	1	■	¹⁵1	4	9

Abb. 5.14

*Bemerken, Sondern, Zählen, Messen, Wägen
sind große Hilfsmittel, durch welche der Mensch
die Natur umfaßt und über sie Herr zu werden sucht,
damit er zuletzt alles zu seinem Nutzen
verwende.*

JOHANN WOLFGANG VON GOETHE

6. Text- und Sachaufgaben

6.1:   Angenommen, die Masse einer langen Deckplatte beträgt x Tonnen, die einer kurzen y Tonnen; dann gilt $5x + 9y = 40$ und $9x + 3y = 39$, also $x = 3,5$ und $y = 2,5$. Die Masse einer langen Deckplatte beträgt 3,5 t, die einer kurzen 2,5 t.

6.2:   a) $251 \cdot 80 = 20001$. Der Kraftstoffverbrauch beträgt 2 000 l.

b) $25\,1 - 23,8\,1 = 1,2\,1$. Es werden $1,2\,1$ Kraftstoff einge-spart.

c) $1,2 : 25 = x : 100$; $x = 4,8$. Die Einsparung an Kraftstoff beträgt $4,8\,\%$.

d) $1,2\,1 \cdot 80 = 96\,1$. Es können $96\,1$ Kraftstoff eingespart wer-den.

6.3: a) $9\,600\,\text{dt} : 48 = 200\,\text{dt}$. Der Ertrag betrug $200\,\text{dt}$ je Hektar.

b) $48\,\text{ha} : (40\,\text{h} \cdot 6) = 0,2\,\text{ha/h}$. In einer Stunde wurden von einer Maschine $0,2$ ha abgeerntet.

c) $x : 40 = 6 : 8$, $x = 30$. Beim Einsatz von acht Maschinen hätte man 30 Stunden gebraucht.

d) $8 \cdot 15 \cdot 0,2 + 10 \cdot y \cdot 0,2 = 48$; $y = 12$; $12\,\text{h} + 15\,\text{h} = 27\,\text{h}$. Man hätte 27 h zum Abernten gebraucht.

6.4: Es gilt $x + y = 33$; $20x + 24y = 720$.
Aus $20x + 24(33 - x) = 720$ folgt $x = 18$. In diesem Zielzug sind 18 Waggons mit einer Ladefähigkeit von $20\,\text{t}$ und 15 Waggons mit einer Ladefähigkeit von $24\,\text{t}$ eingesetzt.

6.5: a) $x : 184\,\% = 425 : 100\,\%$; $x = 782$.
Es werden nun 782 Teile täglich gefertigt.

b) $x : 6,90 = 100 : 8,60$; $x = 80,23\,\%$.
Die Herstellungskosten wurden auf rund $80\,\%$ gesenkt.

6.6: a) $2\,600\,\text{Mark} : 200 = 13\,\text{Mark}$. Die Kosten für die Be-arbeitung eines Bauteils betragen 13 Mark.

b) $13\,\text{Mark} - 9\,\text{Mark} = 4\,\text{Mark}$. Es werden 4 Mark einge-spart. $250\,\text{Mark} + 200 \cdot 9\,\text{Mark} = 2\,050\,\text{Mark}$. Die Gesamt-kosten betragen $2\,050$ Mark.

c) $2\,600 : (2\,600 - 2\,050) = 100 : p$; $p \approx 21,2\,\%$. Die Gesamt-kosten sind um $21,2\,\%$ geringer.

d) $4 \cdot n > 250$; $n > 62,5$. Es müssen mindestens 63 Teile be-arbeitet werden.

6.7: $15 \cdot t = 5 \cdot \left(t + \dfrac{1}{3}\right)$, $\quad 3t = t + \dfrac{1}{3}$, $\quad t = \dfrac{1}{6}$

$\left(\dfrac{1}{6}\,\text{h} = 10\,\text{min}\right)$.

Uwe braucht 10 min für den Schulweg; Karsten 30 min. $s = v \cdot t = 2,5$ km. Der Schulweg hat eine Länge von 2,5 km.

6.8: a) Z. B.: Maßstab 1 : 10 000. Die Höhe des Hotels beträgt 120 m.
b) $h : 360 = 200 : 600$; $h = 120$. Die Höhe des Hotels beträgt 120 m.

6.9: a) $A = (50 - 3) \cdot (20 - 3) = 47 \cdot 17 = 799$. Die Grundfläche beträgt 799 cm².
b) $(50 - 2x)(20 - 2x) = 400$, $x^2 - 35x + 150 = 0$, $x_1 = 30$ (entfällt, denn $30 > 20$), $x_2 = 5$. In diesem Fall gilt $a = 40$ cm und $b = 10$ cm.

6.10: Wegen $d = a \cdot \sqrt{2}$ gilt $a \cdot \sqrt{2} = a + 5$, also $a \approx 12,1$. Die Diagonale ist ungefähr 17,1 cm lang.

6.11: Angenommen, der Amtmann kauft x Pferde und y Ochsen; dann gilt $31x + 21y = 1\,770$. Diese diophantische Gleichung besitzt drei positive ganzzahlige Lösungspaare $(x; y)$, nämlich $(51; 9)$, $(30; 40)$ und $(9; 71)$. Es könnten also 51 Pferde und 9 Ochsen, aber auch 30 Pferde und 40 Ochsen oder 9 Pferde und 71 Ochsen sein.

6.12: $x + (x + 2) + (x + 4) + (x + 6) + \ldots + (x + 20)$ $+ (x + 22) = 1\,008$, $12x + 132 = 1\,008$, $x = 73$. In die erste Horde kommen 73 Schafe, in die nächsten 75, 77, 79, 81, 83, 85, 87, 89, 91, 93 bzw. 95 Schafe.

6.13: Der zweite Bagger sei allein x Tage eingesetzt; er schafft somit an einem Tag $\dfrac{1}{x}$ der Arbeit. Der erste Bagger schafft an einem Tag $\dfrac{1}{20}$ der Arbeit. Also gilt $\dfrac{1}{x} + \dfrac{1}{20} = \dfrac{1}{12}$ mit $x \neq 0$; dann folgt $x = 30$. Die Arbeit würde mit dem zweiten Bagger allein in 30 Tagen ausgeführt werden können.

6.14: Angenommen, x Schüler haben die Arbeit mitgeschrieben; dann gilt
$[5 \cdot 1 + 8 \cdot 2 + (x - 17) \cdot 3 + 4 \cdot 4] : x = 2,5\,;\ x = 28$.
28 Schüler haben die Arbeit mitgeschrieben.

6.15: Die Aussagen (1), (2) und (3) lassen sich folgendermaßen schreiben:
(1) $c < d$, (2) $a + b = c + d$, (3) $a + d < b + c$.
Aus (2) und (3) folgt durch Addition $2a + b + d < 2c + b + d$, also $a < c$ (4). Aus (3) und (2) folgt durch Subtraktion $d - b < b - d$, also $2d < 2b$, $d < b$ (5). Aus (4), (1) und (5) folgt $a < c < d < b$.

6.16: In einer Stunde liefern beide Röhren $1 + 4 = 5$ Raumeinheiten Wasser. In $\dfrac{12}{5}$ h $= 2$ h 24 min wird die Füllung der Zisterne von beiden Röhren gemeinsam bewirkt.

6.17: (S) D 1 – C 3, (S) C 3 – B 1, (W) A 2 – C 3,
(W) C 3 – D 1, (S) D 3 – C 1, (S) C 1 – A 2, (W) A 1 – B 3,
(W) B 3 – C 1, (W) C 1 – D 3, (S) D 2 – B 3, (S) B 3 – A 1,
(S) B 1 – C 3, (W) A 3 – B 1, (W) B 1 – D 2, (S) C 3 – B 1,
(S) B 1 – A 3 (Abb. 6.6).

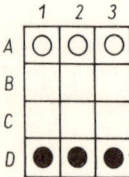

Abb. 6.6

6.18: Der Bibliothekar stellt die Bände 3 und 6 zwischen die Bände 2 und 7, danach die Bände 5 und 9 rechts neben Band 4, abschließend die Bände 4 und 5 zwischen die Bände 3 und 6.

6.19: $K_1 = 800 + \dfrac{800 \cdot 3,25}{100} = 800 \left(1 + \dfrac{3,25}{100}\right) = 826\,;$ also

ergibt sich am Ende des ersten Jahres ein Guthaben von
826 Mark. $K_2 = K_1 + \dfrac{K_1 \cdot 3{,}25}{100} = K_1 \left(1 + \dfrac{3{,}25}{100}\right) = 852{,}845$;
also ergibt sich am Ende des zweiten Jahres ein Guthaben
von 852,85 Mark. $K_3 = 880{,}567\,63$; also 880,57 Mark.
Allgemein gilt $K_{i+1} = K_i \cdot 1{,}032\,5$. Daher ist
$K_1 = 1{,}032\,5 \cdot 800$, $K_2 = (1{,}032\,5)^2 \cdot 800$, $K_i = (1{,}032\,5)^i \cdot 800$.
Das Guthaben hat sich verdoppelt, wenn
$(1{,}032\,5)^i \cdot 800 > 1\,600$ ist; $(1{,}032\,5)^i > 2$. Nach 22 Jahren hat
sich das Guthaben verdoppelt (unabhängig vom Absolut-
betrag).

6.20: War x die Anzahl der 20-Mark-Scheine, so war
$(12 - x)$ die Anzahl der 10-Mark-Scheine. Der in Mark aus-
gedrückte Wert der 20-Mark-Scheine betrug dann $20x$, der
der 10-Mark-Scheine $(120 - 10x)$. Daher gilt:
$20x + 120 - 10x = 170$; $x = 5$.
Also war 5 die Anzahl der 20-Mark-Scheine, und wegen
$12 - 5 = 7$ war 7 die Anzahl der 10-Mark-Scheine.

6.21: $7n = 1 + 2 + 3 + 4 + \ldots + n$, $7n = \dfrac{n}{2} \cdot (n + 1)$,
$n^2 - 13n = 0$, $n_1 = 0$ (entfällt), $n_2 = 13$. In 13 Tagen kommen diese zwei Gesellen zusammen.

6.22:   (1) $656 + 656 = 1\,312$ oder $858 + 858 = 1\,716$.
(2) Zum Beispiel:

59 624 oder	60 249 oder	20 374 oder	89 625
+176 624	+352 249	+693 374	+146 625
236 248	412 498	713 748	236 250

(3) Wegen $O + O = PA$ vermuten wir $P = 1$. Aus $A + A$
$= R$ und $A \neq R$ folgt $A \neq O$. Wegen $P = 1$ gilt $A \neq 1$. Wenn
$A = 2$, so $R = 4$ und $O = 6$. Wegen $P + M = A$ muß dann
$M = 1$ sein; das steht im Widerspruch zu $P = 1$, also $A \neq 2$.
Wenn $A = 3$, so $R = 6$. Dann muß aber auch $O = 6$ sein; das
führt zu einem Widerspruch, also $A \neq 3$. Wenn $A = 4$, so
$R = 8$ und $O = 7$, also $M = 3$. Wir erhalten

$$\begin{array}{r} 714 \\ + 734 \\ \hline 1\,448 \end{array} \quad \text{bzw.} \quad \begin{array}{r} 816 \\ + 846 \\ \hline 1\,662 \end{array}$$

(4) $172 + 60 + 34 + 513 + 35 = 814$.

6.23: $2n + \dfrac{n}{2} + \dfrac{n}{4} + 1 = 100$; $\dfrac{11}{4}\,n = 99$; $n = 36$.

Es waren 36 Gänse.

6.24: Der zweite Läufer legte $\dfrac{9}{10}$ der Strecke zurück, die der erste Läufer in der gleichen Zeit schaffte. Der dritte Läufer legte $\dfrac{9}{10}$ der Strecke zurück, die der zweite Läufer in der gleichen Zeit schaffte. Der dritte Läufer legte deshalb $\dfrac{9}{10} \cdot \dfrac{9}{10} = \dfrac{81}{100}$ der 100-m-Strecke zurück, als der erste Läufer das Ziel passierte. Der dritte Läufer war somit noch 19 m vom Ziel entfernt.

6.25: In 60 min legt die Spitze des Minutenzeigers einen Weg von $2\pi r_1 = 4\,\pi$ cm, die Spitze des Stundenzeigers einen Weg von $\dfrac{1}{12} \cdot 2\pi r_2 = \dfrac{1}{4}\,\pi$ cm zurück. Wegen $16 \cdot \dfrac{1}{4} = 4$ ist die Geschwindigkeit der Spitze des Minutenzeigers 16mal so groß wie die der Spitze des Stundenzeigers.

*Die Entwicklung der allgemeinen Fähigkeit
zu selbständigem Denken und Urteilen
sollte stets an der ersten Stelle stehen
und nicht die Aneignung von Spezialkenntnissen.*

ALBERT EINSTEIN

7. Lineare, quadratische und trigonometrische Funktionen

7.1: Zum Beispiel $y = 3x + 2$ oder $y = 3x - \dfrac{4}{9}$; allgemein:

$y = 3x + n \, (n \in \mathbb{R}; \, n \neq -1)$.

7.2: a) Abb. 7.4.

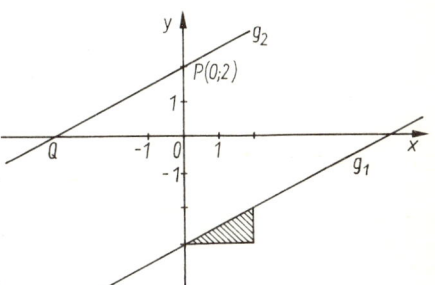

Abb. 7.4

b) $0 = \dfrac{1}{2} \cdot x_0 - 3$, $x_0 = 6$. c) $m = \dfrac{1}{2}$, $n = 2$.

d) $Q(-4; 0)$. e) $y = \dfrac{1}{2} \cdot x + 2$.

7.3: a), b), d) Abb. 7.5.

c) $y = 2x - 2$. e) $\overline{OC} = k \cdot \overline{OB}$; $6 = k \cdot 2$, $k = 3$.

7.4: a) $3x + 3 = -x + 7$, $4x = 4$, $x = 1$,
$y = 3 \cdot 1 + 3 = 6$.
c) $Q(7; 0)$, $R(-1; 0)$, $S(1; 6)$, $D(1; 0)$, also
$\overline{RQ} = c = 8 \, \text{cm}$, $\overline{DS} = h_c = 6 \, \text{cm}$,
$A = \dfrac{1}{2} \cdot c \cdot h_c = \dfrac{1}{2} \cdot 8 \, \text{cm} \cdot 6 \, \text{cm} = 24 \, \text{cm}^2$.

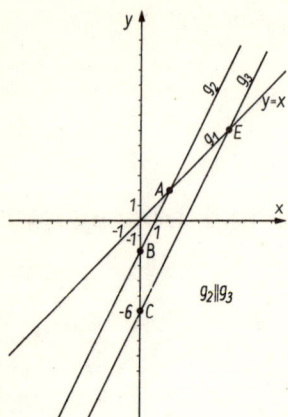

Abb. 7.5

7.5: a)

x	-1	0	1	3	5
y	$\dfrac{33}{4}$	$\dfrac{9}{4}$	$-\dfrac{7}{4}$	$-\dfrac{15}{4}$	$\dfrac{9}{4}$

b) $x^2 - 5x + \dfrac{9}{4} = 0$, $\quad x_1 = 4\dfrac{1}{2}$, $\quad x_2 = \dfrac{1}{2}$.

c) $S\left(-\dfrac{p}{2}; q - \left(\dfrac{p}{2}\right)^2\right)$, $\quad S\left(2\dfrac{1}{2}; -4\right)$, $\quad$ denn $\quad p = -5$,

$q = \dfrac{9}{4}$.

7.6: a) $S(0; -2)$; $\quad -2 \leqq y < \infty$.

b) $\dfrac{9}{2} = \dfrac{1}{2} \cdot x^2$, $\quad x^2 = 9$, $\quad x_1 = 3$, $\quad x_2 = -3$.

c) $x^2 - 2 = \dfrac{1}{2} x^2$, $\quad x^2 = 4$, $\quad x_1 = 2$, $\quad x_2 = -2$, $\quad y_1 = 2$,

$y_2 = 2$, $\quad P(-2; 2)$; (Abb. 7.6).

7.7: b) $0 = 2x + 1$, $\quad x_0 = -\dfrac{1}{2}$.

a)

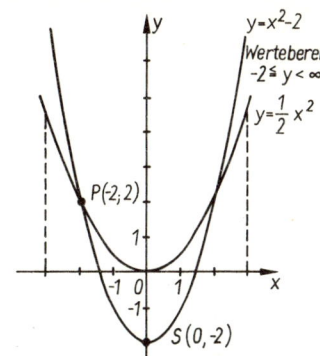

$y = x^2 - 2$

Wertebereich
$-2 \leq y < \infty$

$y = \frac{1}{2}x^2$

$P(-2;2)$

$S(0;-2)$

Abb. 7.6

c) $S\left(-\dfrac{p}{2}; q - \left(\dfrac{p}{2}\right)^2\right)$, $\quad p = 2$, $\quad q = -3$, $\quad S(-1; -4)$.

d) $x^2 + 2x - 3 = 0$, $\quad x_1 = 1$, $\quad x_2 = -3$.

e) $x^2 + 2x - 3 = 2x + 1$, $\quad x^2 = 4$, $\quad x_1 = 2$, $\quad x_2 = -2$,
$y_1 = 5$, $\quad y_2 = -3$, $\quad P_1(2; 5)$, $\quad P_2(-2; -3)$.

7.8: a)

x	-2	-1	$-\dfrac{1}{2}$	$\dfrac{1}{2}$	1	2	$\dfrac{5}{2}$
y	$\dfrac{1}{4}$	1	4	4	1	$\dfrac{1}{4}$	$\dfrac{4}{25}$

b), c)

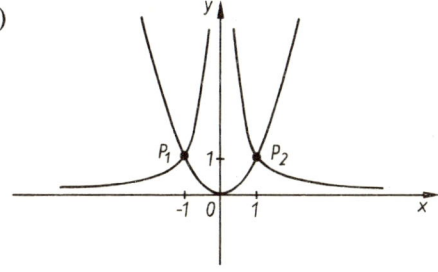

P_1 $\quad$ P_2

Abb. 7.7

7.9: a) Abb. 7.8.

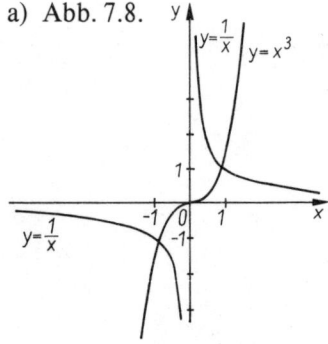

Abb. 7.8

b)

x	-4	-3	-2	$-\dfrac{1}{2}$	$\dfrac{1}{4}$	$\dfrac{1}{2}$	1	4
y	$-\dfrac{1}{4}$	$-\dfrac{1}{3}$	$-\dfrac{1}{2}$	-2	4	2	1	$\dfrac{1}{4}$

c) $x^3 = \dfrac{1}{x}$. Die Graphen beider Funktionen schneiden sich in $P_1(1; 1)$ und $P_2(-1; -1)$.

7.10: a) Abb. 7.9.

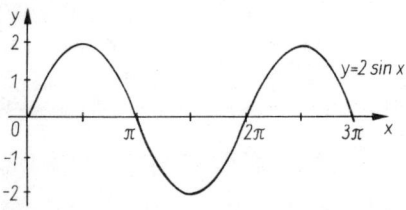

Abb. 7.9

b) $-2 \leqq y \leqq +2$.

7.11: Abb. 7.10.

7.12: a) $y - y_1 = m(x - x_1)$, $y - 4 = \dfrac{3}{2}(x - 2)$,

$y = \dfrac{3}{2} x + 1$.

$f(x)$	$\sin x$		$\cos x$		$\tan x$		$\cot x$	
	x_1	x_2	x_1	x_2	x_1	x_2	x_1	x_2
$0{,}5$	$30°$	$150°$	$60°$	$300°$	$26{,}6°$	$206{,}6°$	$63{,}4°$	$243{,}4°$
1	$90°$	$-$	$0°$	$-$	$45°$	$225°$	$45°$	$225°$
0	$0°$	$180°$	$90°$	$270°$	$0°$	$180°$	$90°$	$270°$
-1	$270°$	$-$	$180°$	$-$	$135°$	$315°$	$135°$	$315°$
$-\frac{1}{2}$	$210°$	$330°$	$120°$	$240°$	$153{,}4°$	$333{,}4°$	$116{,}6°$	$296{,}6°$

Abb. 7.10

b) $(y - y_1)(x_2 - x_1) - (x - x_1)(y_2 - y_1) = 0$,
$(y + 2)(4 + 1) - (x + 1)(3 + 2) = 0$, $y = x - 1$.
c) $y = -2x + 4$.

7.13: $-\dfrac{3}{2} \le y \le +\dfrac{3}{2}$.

7.14:   Abb. 7.11.

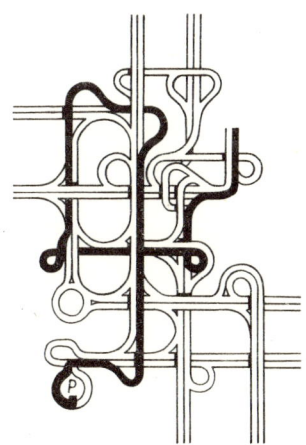

Abb. 7.11

7.15:   a) (1) $m_1 \ne m_2$;   (2) $m_1 = m_2$ und $n_1 = n_2$;
(3) $m_1 = m_2$ und $n_1 \ne n_2$.

b) (1) Die Lösungsmenge besteht aus genau einem geordneten Paar reeller Zahlen.
(2) Die Lösungsmenge besteht aus unendlich vielen geordneten Paaren reeller Zahlen.
(3) Die Lösungsmenge ist leer, d. h., es existieren keine geordneten Paare reeller Zahlen.

7.16: Der Term ist für $x = \dfrac{\pi}{2}$ nicht definiert.

7.17: Wir unterscheiden die beiden Fälle $x + 1 \geqq 0$ und $x + 1 < 0$, d. h. $x \geqq -1$ und $x < -1$. Für $x \geqq -1$ gilt $|x + 1| = x + 1$, also $y = x + 1 + \dfrac{x}{2} - 2$ und somit $y = \dfrac{3}{2}x - 1$. Für $x < -1$ gilt $|x + 1| = -(x + 1)$, also $y = -(x + 1) + \dfrac{x}{2} - 2$ und somit $y = -\dfrac{x}{2} - 3$.

7.18: z. B.: ZEIT, ZELT, WELT, WERT; ZEHN, ZAHN, ZAUN, ZAUM, RAUM; KANTE, KANNE, TANNE, TONNE.

7.19: Im genannten Definitionsbereich haben
a) die Funktionen (2) und (4) keine Nullstelle,
b) die Funktionen (1), (3), (5) und (7) genau eine Nullstelle,
c) die Funktionen (6) und (8) mehr als eine Nullstelle.
Im genannten Definitionsbereich
d) sind die Funktionen (2), (3), (4), (5) und (7) monoton steigend,
e) ist die Funktion (1) monoton fallend.

7.20: a) $x_1 = x_2 = 1$, Doppelnullstelle; die x-Achse wird in genau einem Punkt berührt.

b) $x_{1,2} = 1 \pm \sqrt{-1{,}5}$, keine reelle Lösung, also keine Nullstellen; die x-Achse wird weder berührt noch geschnitten.
c) $x_1 = 3$, $x_2 = -1$, zwei verschiedene Nullstellen; die x-Achse wird in zwei Punkten geschnitten.

7.21: Die gegebene Funktion ist identisch mit

$y = \sqrt{(x+1)^2} + \sqrt{(x-1)^2}$; deshalb gilt
$y = |x+1| + |x-1|$.

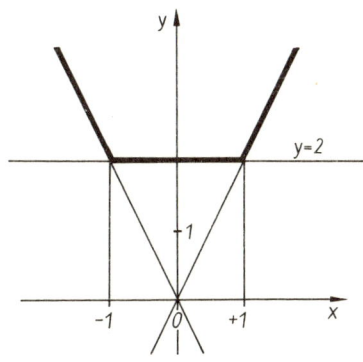

Abb. 7.12

Daraus folgt weiter (Abb. 7.12):

$$y = \begin{cases} (x+1) + (x-1) = 2x & \text{für} \quad x \geq 1, \\ (x+1) - (x-1) = 2 & \text{für} \quad -1 < x < 1, \\ -(x+1) - (x-1) = -2x & \text{für} \quad x \leq -1. \end{cases}$$

7.22: Aus $2x + y^2 = 81$ erhalten wir $2x = 81 - y^2$. Nun muß $81 - y^2$ durch 2 teilbar sein.

$y_1 = 1, \quad y_1^2 = 1, \quad 2x_1 = 80, \quad x_1 = 40;$
$y_2 = 3, \quad y_2^2 = 9, \quad 2x_2 = 72, \quad x_2 = 36;$
$y_3 = 5, \quad y_3^2 = 25, \quad 2x_3 = 56, \quad x_3 = 28;$
$y_4 = 7, \quad y_4^2 = 49, \quad 2x_4 = 32, \quad x_4 = 16;$
$y_5 = 9, \quad y_5^2 = 81, \quad 2x_5 = 0, \quad x_5 = 0.$

Die geordneten Paare [40; 1], [36; 3], [28; 5], [16; 7], [0; 9] erfüllen die gegebene Gleichung.

7.23: Wenn jeder Bedachte x £ erhält, dann gilt
$x = n + \dfrac{1\,001}{n}$. Da x eine ganze Zahl ist, muß n ein Teiler von 1 001 sein, und mögliche Werte für n und x sind in der Tabelle angeführt:

n	1	7	11	13	77	91	143	1 001
x	1 002	150	102	90	90	102	150	1 002

Demzufolge ist die kleinste Zuwendung £ 90, und die niedrigste Anzahl von Empfängern ist 13.

7.24: a) (1) Aus $f(x;y) = x^2y^3$ folgt für das geordnete Paar $[x; -y]$ durch Einsetzen $f(x;y) = x^2 \cdot (-y)^3 = -x^2y^3$. Folglich ist (1) eine falsche Aussage.

(2) Aus $f(x;y) = x^2y^3$ folgt für das geordnete Paar $[-x; -y]$ durch Einsetzen $f(x;y) = (-x)^2 \cdot (-y)^3 = -x^2y^3$. Folglich ist (2) eine wahre Aussage.

(3) Aus $f(x;y) = x^2y^3$ folgt für das geordnete Paar $[-x; y]$ durch Einsetzen $f(x;y) = (-x)^2 \cdot y^3 = x^2y^3$. Folglich ist (3) eine falsche Aussage.

(4) Aus $f(x;y) = x^2y^3$ folgt für das geordnete Paar $[1; 0]$ durch Einsetzen $f(x;y) = 1^2 \cdot 0^3 = 0$. Folglich ist (4) eine falsche Aussage.

(5) Da (2) eine wahre Aussage ist, gibt es unter den Aussagen von (1) bis (4) genau eine wahre Aussage. Das steht im Widerspruch zur Aussage (5). Die Aussage ist deshalb falsch.

b) Die Funktion $f(x;y) = \dfrac{xy}{x-y}$ ist für alle geordneten Paare $[x; y]$ mit $x = y$ nicht definiert, da die Division durch 0 nicht definiert ist. Deshalb ist diese Funktion für das geordnete Paar (4) $[1; 1]$ nicht definiert.

7.25: a) Insgesamt enthalten die Schachteln 105 Hölzchen. Demnach müssen bei Gleichverteilung in jeder Schachtel 15 Zündhölzer liegen. Unter dieser Voraussetzung hat die Aufgabe genau eine Lösung: Man muß aus der ersten Schachtel 4 Hölzchen in die zweite legen. Dann hat dieselbe 15 und die zweite 13 Hölzchen. Wir fügen zwei überflüssige Hölzchen aus der dritten Schachtel zu den der zweiten hinzu. Dann verbleiben in der dritten Schachtel noch 24 Hölzchen. Die überflüssigen Hölzer legen wir nun in die vierte Schachtel und so weiter.

b) Die Lösung sei dem Leser selbst überlassen.

Übrigens ist mir alles verhaßt,
was mich bloß belehrt,
ohne meine Tätigkeit zu vermehren
oder zu beleben.

JOHANN WOLFGANG VON GOETHE

8. Trigonometrie

8.1: b) $a^2 = b^2 + c^2 - 2bc \cdot \cos \alpha$,
$a^2 = (7{,}2^2 + 8{,}5^2 - 2 \cdot 7{,}2 \cdot 8{,}5 \cdot \cos 48°)$ cm^2, $a \approx 6{,}5$ cm.

c) $A = \dfrac{1}{2} bc \cdot \sin \alpha = \dfrac{1}{2} \cdot 7{,}2 \cdot 8{,}5 \cdot \sin 48°$ cm$^2 \approx 23$ cm^2.

8.2: a) $a = r_2 + r_3 = 6$ cm; $b = r_1 + r_3 = 5$ cm;
$c = r_1 + r_2 = 7$ cm.

c) $\cos \gamma = \dfrac{a^2 + b^2 - c^2}{2ab} = \dfrac{6^2 + 5^2 - 7^2}{2 \cdot 6 \cdot 5} = 0{,}2$; $\gamma \approx 78{,}5°$.

d) $A = \dfrac{1}{2} ab \cdot \sin \gamma = \dfrac{1}{2} \cdot 6 \cdot 5 \cdot \sin 78{,}5°$ cm$^2 \approx 14{,}7$ cm^2.

8.3: a) $e = \dfrac{r}{\sin \alpha} = \dfrac{4}{\sin 25°}$ cm $\approx 9{,}5$ cm.

b) $t = \dfrac{r}{\tan \alpha} = \dfrac{4}{\tan 25°}$ cm $\approx 8{,}6$ cm.

c) $A = r \cdot t = 4 \cdot 8{,}6$ cm$^2 = 34{,}4$ cm^2.

d) $\sphericalangle B_1 MP = 90° - 25° = 65°$ (halber Zentriwinkel),
$\sphericalangle B_1 QB_2 = 65°$ (zugehöriger Peripheriewinkel).

8.4: c) $\overline{KL} = \dfrac{7 \cdot \sin 115°}{\sin 37°}$ cm $\approx 10{,}5$ cm.

8.5: a) $A_T = \left(\dfrac{6{,}3^2 - 5{,}5^2}{2} \cdot \tan 75{,}3° \right)$ cm$^2 \approx 18$ cm^2.

b) $h = (a - c) \cdot \tan \alpha$.

c) $A_T = \frac{1}{2} \cdot (a + c) \cdot h = \frac{1}{2} \cdot (a + c)(a - c) \cdot \tan \alpha$

$\qquad = \frac{1}{2} \cdot (a^2 - c^2) \cdot \tan \alpha.$

8.6: a) $c^2 = a^2 + b^2 - 2ab \cdot \cos \gamma$
$= (45^2 + 72,8^2 - 2 \cdot 45 \cdot 72,8 \cdot \cos 77°) \text{ m}^2, \; c \approx 76,5 \text{ m}.$

b) $m_a = \frac{1}{3} \cdot (a_1 + a_2 + a_3) = 75,7 \text{ m}.$

c) $76,5 \text{ m} - 75,7 \text{ m} = 0,8 \text{ m}$ (Abweichung vom Mittelwert).

8.7: a) $\tan \alpha = \dfrac{\overline{CE}}{\overline{AE}} = \dfrac{140 \text{ m}}{170 \text{ m}} = 0,823\,5, \; \alpha = 39,5°.$

b) $50 : 140 = 7,5 : t; \; t = 21$. Der Hubschrauber braucht 21 Sekunden.

c) $\overline{AC}^2 = \overline{CE}^2 + \overline{AE}^2; \; \overline{AC} = 220 \text{ m};$

$v = \dfrac{\overline{AC}}{t} = \dfrac{220 \text{ m}}{21 \text{ s}} \approx 10,5 \; \dfrac{\text{m}}{\text{s}} = 37,7 \; \dfrac{\text{km}}{\text{h}}.$

Die Fluggeschwindigkeit beträgt 37,7 km/h.

8.8: a) $\overline{BD} : \overline{CE} = \overline{AB} : \overline{AC}, \; \overline{BD} = \dfrac{162 \cdot 20}{180} \text{ m} = 18 \text{ m}.$

b) $\overline{BP} - \overline{BD} = 3 \text{ m}.$

c) $\tan \alpha = \overline{CE} : \overline{AC} \approx 0,111\,1; \; \alpha = 6,3°.$

d) $s \approx 11,1 \%.$

8.9: b) $\gamma = 180° - (\alpha + \beta) = 180° - (35° + 85°) = 60°.$

c) $a = \dfrac{c \cdot \sin \alpha}{\sin \gamma} = \dfrac{4,7 \cdot \sin 35°}{\sin 60°} \text{ km} \approx 3,1 \text{ km}.$

d) $a_N = c \cdot \tan \alpha = 4,7 \cdot \tan 35° \text{ km} \approx 3,3 \text{ km}.$

e) $|a_N - a| = 0,2 \text{ km}.$

8.10: b) $\overline{AB}^2 = \overline{RA}^2 + \overline{RB}^2 - 2 \cdot \overline{RA} \cdot \overline{RB} \cdot \cos(\sphericalangle BRA),$
$\overline{AB}^2 = (9,5^2 + 11,5^2 - 2 \cdot 9,5 \cdot 11,5 \cdot \cos 26°) \text{ sm}^2; \; \overline{AB} \approx 5,1 \text{ sm}.$
c) $\overline{AB} \approx 9,5 \text{ km}.$

8.11: $5\,000\,\text{m} - 305\,\text{m} = 4\,695\,\text{m};$ $x = (4\,695 \cdot \cot 5°)\,\text{m};$
$x \approx 53\,700\,\text{m}.$ Zum Zeitpunkt der Peilung war das Flugzeug
etwa 53,7 km vom Eiffelturm entfernt.

8.12:   a) $x : y = \sin\left[180° - (\alpha + \beta)\right] : \sin\beta;$

$x = \dfrac{y \cdot \sin(\alpha + \beta)}{\sin\beta}$ (Sinussatz).

b) $x^2 = y^2 + z^2 - 2 \cdot y \cdot z \cdot \cos\delta,$

$x = \sqrt{y^2 + z^2 - 2 \cdot y \cdot z \cdot \cos\delta}$ (Kosinussatz).

c) $o^2 = m^2 + n^2 - 2 \cdot m \cdot n \cdot \cos x, \cos x = \dfrac{m^2 + n^2 - o^2}{2 \cdot m \cdot n}$
(Kosinussatz).

d) $\sin x : \sin\alpha = b : a; \sin x = \dfrac{b \cdot \sin\alpha}{a}$ (Sinussatz).

8.13:   Es habe $\overline{BE}$ die Länge x, also $\overline{CE}$ die Länge $a - x$
und $\overline{CD}$ die Länge $b - e$; ferner habe $\sphericalangle\,BCA$ die Größe γ
(Abb. 8.17).

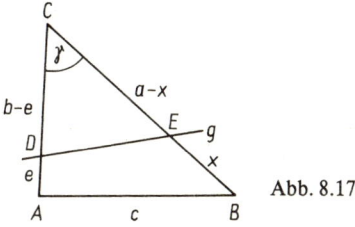

Abb. 8.17

Dann gilt für die Flächeninhalte der Dreiecke $\triangle\,DEC$ und
$\triangle\,ABC$: $2 \cdot A_{DEC} = A_{ABC}$ bzw. $2 \cdot \dfrac{1}{2} \cdot (a - x)\,(b - e) \cdot \sin\gamma$

$= \dfrac{1}{2} \cdot a \cdot b \cdot \sin\gamma;\ 2(a - x)\,(b - e) = ab;$

$x = \dfrac{a\,(b - 2e)}{2\,(b - e)} = 2\,\text{cm}.$

8.14: a) $\overline{BF} = \dfrac{\overline{AB} \cdot \sin \alpha}{\sin \gamma} = \dfrac{14{,}6 \text{ km} \cdot \sin 46{,}3°}{\sin 72{,}3°} \approx 11{,}1 \text{ km}.$

b) $\overline{DF} = \overline{BF} \cdot \sin \beta = 11{,}1 \text{ km} \cdot \sin 61{,}4° \approx 9{,}75 \text{ km}.$

8.15: a) $\overline{BE} : \overline{DH} = \overline{AB} : \overline{AD}$, $\overline{BE} = 1 \text{ m}$,
$\overline{BE} : \overline{CF} = \overline{AB} : \overline{AC}$, $\overline{CF} = 2 \text{ m}$.
b) $\overline{AH}^2 = \overline{DH}^2 + \overline{AD}^2$; $\overline{AH} = 7{,}8 \text{ m}$.
c) $\sin \alpha_1 = \overline{HD} : \overline{AH} = 3 : 7{,}8 \approx 0{,}3846$; $\alpha_1 = 22{,}6°$.
d) $\triangle ABE \cong \triangle BCE$ (*SWS*).

8.16: a) $\sphericalangle LCB = 90° - 60° = 30°$, folglich
$\overline{BL} = \dfrac{1}{2} \cdot \overline{BC} = \dfrac{24}{2} \text{ m} = 12 \text{ m}.$

b) $\sphericalangle ABC = 180° - 60° = 120°$,
$\overline{AC}^2 = \overline{AB}^2 + \overline{BC}^2 - 2 \cdot \overline{AB} \cdot \overline{BC} \cdot \cos 120°$, $\overline{AC} \approx 47{,}76 \text{ m}.$

8.17: a) $a_1^2 = l^2 - r^2$; $a_1 = 6 \text{ cm}.$
b) $a_2 = l - r = 4 \text{ cm}.$

c) $\cos \alpha_3 = \dfrac{r^2 + a_3^2 - l^2}{2 \cdot r \cdot a_3} = -0{,}54$; $\alpha_3 = 122{,}7°.$

8.18: $2 \sin \varphi + \cos 2\varphi = 0$; $2 \sin \varphi + 1 - 2 \cdot \sin^2 \varphi = 0$;
$\sin^2 \varphi - \sin \varphi - \dfrac{1}{2} = 0$; $(\sin \varphi)_{1,2} = \dfrac{1}{2} \pm \dfrac{1}{2} \cdot \sqrt{3}$;

$\sin \varphi = \dfrac{1}{2} \cdot (1 + \sqrt{3}) > 1$ (entfällt), $\sin \varphi = \dfrac{1}{2} \cdot (1 - \sqrt{3})$
$= -0{,}3660$; $\varphi_1 = 201{,}47°$, $\varphi_2 = 338{,}53°$.

8.19: Man kann vom Trapez *ABCE* ausgehen. Dessen Fläche A_1 ist dann $A_1 = \dfrac{\overline{AB} + \overline{CE}}{2} \cdot \overline{BC} = 120 \text{ cm}^2$. Die Fläche A_2 des Dreiecks *ABC* ist $A_2 = \dfrac{1}{2} \cdot \overline{AB} \cdot \overline{BC} = 85 \text{ cm}^2$. Die Fläche A des Dreiecks *ACE* ist somit
$A = A_1 - A_2 = (120 - 85) \text{ cm}^2 = 35 \text{ cm}^2.$

8.20: a) $b = 29,15$.   b) $a = 53,50$.   c) $c = 83,46$.

8.21: $\overline{BD}^2 = (8^2 + 5^2 - 2 \cdot 8 \cdot 5 \cdot \cos 60°)$ cm^2 = 49 cm^2,
$\overline{BD} = 7$ cm;
$\overline{AC}^2 = (8^2 + 5^2 - 2 \cdot 8 \cdot 5 \cdot \cos 120°)$ cm^2 = 129 cm^2,
$\overline{AC} \approx 11,36$ cm.

8.22: Abb. 8.18.

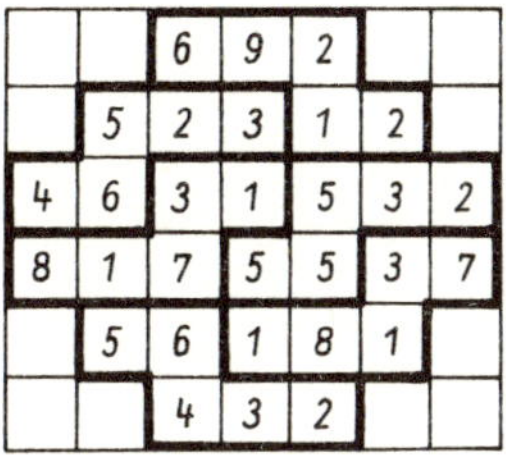

		6	9	2		
	5	2	3	1	2	
4	6	3	1	5	3	2
8	1	7	5	5	3	7
	5	6	1	8	1	
		4	3	2		

Abb. 8.18

8.23: $\overline{BC} = 323$ m; $\overline{AC} = 1\,400$ m; $\overline{AB}^2 = \overline{AC}^2 - \overline{BC}^2$,
$\overline{AB} = 1\,362$ m; $\tan\alpha = \overline{BC} : \overline{AB} = 323$ m : $1\,362$ m = $0,2372$;
$\alpha \approx 13,3°$. Die Steigung beträgt 23,7%, der Anstiegswinkel 13,3°.

8.24: 5,6 % $\cong$ 0,056, also $\tan\alpha = 0,056$; $\alpha = 3,2°$; 5 min
$= \dfrac{1}{12}$ h; $s = v \cdot t = 3$ km; $x = 3$ km $\cdot \sin 3,2° \approx 0,167$ km
= 167 m. In 5 min Fahrzeit wird ein Höhenunterschied von 167 m überwunden.

*Lang ist der Weg durch Belehrungen,
kurz und wirksam durch Beispiele.*

SENECA D. J.

9. Stereometrie

9.1: Wegen $h = d$ gilt $V = \frac{1}{4}\pi d^3 - \frac{1}{6}\pi d^3 = \frac{1}{12}\pi d^3$,

$V = \frac{\pi}{12} \cdot 7{,}5^3 \text{ cm}^3 \approx 110{,}4 \text{ cm}^3$ und somit $m = V \cdot \varrho \approx 861 \text{ g}$.

9.2: b) Wegen $d = h$ gilt $V = \frac{1}{4}\pi d^3 + \frac{1}{12}\pi d^3 = \frac{1}{3}\pi d^3$,

$V = \frac{\pi}{3} \cdot 4{,}4^3 \text{ cm}^3 \approx 89{,}2 \text{ cm}^3$.

c) $\frac{1}{4}\pi d^2 h = \frac{1}{12}\pi d^3$, $h = \frac{d}{3} \approx 1{,}47 \text{ cm}$.

9.3: a) $V = abc - 2 \cdot \frac{1}{4} \cdot \pi \cdot d^2 \cdot h \approx 93{,}73 \text{ cm}^3$.

b) $m = V \cdot \varrho \approx 731 \text{ g}$.

9.4: Aus $V = \pi \cdot r^2 \cdot b$ und $a = 2\pi r$ und $b = 2a$ folgt
$V = \pi \cdot \left(\frac{a}{2\pi}\right)^2 \cdot 2a = \frac{a^3}{2\pi}$.

9.5: a) $V = \frac{1}{4}\pi d^2 h = \frac{1}{4}\pi \cdot 17{,}5^2 \cdot 13 \text{ cm}^3 \approx 3\,127 \text{ cm}^3$
$= 3{,}127\,1$.

b) $h = \frac{4 \cdot V}{\pi d^2} = \frac{4 \cdot 1\,250}{\pi \cdot 17{,}5^2} \text{ cm} = 5{,}2 \text{ cm}$.

c) $A = \pi \cdot d \cdot h + \frac{1}{4}\pi \cdot d^2 = \frac{1}{4}\pi d(4h + d)$,

$A = \frac{\pi}{4} \cdot 17{,}5 \cdot (4 \cdot 15 + 17{,}5) \text{ cm}^2 \approx 1\,065 \text{ cm}^2$.

9.6: a) Abb. 9.6.

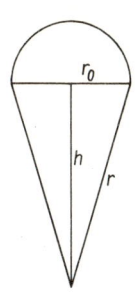

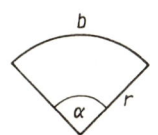

Abb. 9.6   Abb. 9.7

b) $b = \dfrac{\pi r \cdot \alpha}{180°} = 2\pi r_0$, also $r_0 = \dfrac{r \cdot \alpha}{360°} = \dfrac{12,5 \cdot 100,8}{360}$ cm
$= 3,5$ cm (Abb. 9.7).

c) $A_0 = 2\pi r_0^2 + \pi r_0 \cdot r = \pi \cdot r_0 \cdot (2r_0 + r)$,
  $A_0 = \pi \cdot 3,5 \cdot (2 \cdot 3,5 + 12,5)$ cm$^2 \approx 214$ cm^2.

d) $h^2 = r^2 - r_0^2 = (12,5^2 - 3,5^2)$ cm^2, $h = 12$ cm.

e) $V = \dfrac{2}{3}\pi r_0^3 + \dfrac{1}{3}\pi r_0^2 \cdot h = \dfrac{1}{3}\pi r_0^2 \cdot (2r_0 + h)$,

  $V = \dfrac{\pi}{3} \cdot 3,5^2 \cdot (2 \cdot 3,5 + 12)$ cm$^3 \approx 244$ cm^3.

9.7: a) $\tan \alpha = \dfrac{h}{r}$; $r \approx 6,9$ m.

b) $V_K = \dfrac{1}{3}\pi r^2 h \approx 199,4$ m^3.   c) $m = V \cdot \varrho \approx 438,7$ t.

9.8: a) $m = V \cdot \varrho = l \cdot b \cdot h \cdot \varrho = 3\,527$ g $\approx 3,530$ kg.
b) $3,527 : 2,3 = 100 : x$, $x = 65,2$.
Die Masse eines Hohlziegels beträgt rund 65 % der Masse
eines Vollziegels.
c) $2\,500 \cdot 3,530 = y \cdot 2,3$, $y \approx 3\,837$.
Der LKW kann rund 3 840 Hohlziegel laden.

9.9: a) $V = (38 - 2 \cdot 2,5)\,(62 - 2 \cdot 2,5) \cdot 2,5$ cm^3
$= 4\,702,5$ cm^3.

b) $(38 - 2x)(62 - 2x) = 1\,300$,
  $4(19 - x)(31 - x) = 1\,300$,
  $(19 - x)(31 - x) = 325$,
$x^2 - 50x + 264 = 0$, $(x_1 = 44$ entfällt, denn $44 > 38)$,
$x = 6$, $\quad V' = 1\,300 \cdot 6 \text{ cm}^3 = 7\,800 \text{ cm}^3$.

9.10: a) $V = \dfrac{\pi}{3} \cdot h^2 \cdot (3r - h) \approx 54 \text{ cm}^3$. b) $r_1^2 = r^2 - a^2$,

$r_1 = 4 \text{ cm}$ (Abb. 9.8). c) $A_S = \pi r_1^2 = 16\,\pi \text{ cm}^2 \approx 50 \text{ cm}^2$.

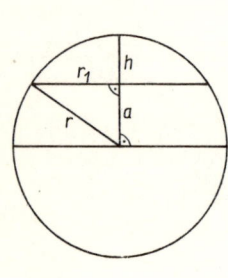

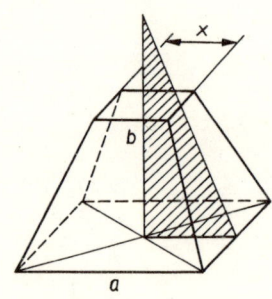

Abb. 9.8   Abb. 9.9

9.11: a) $m = V \cdot \varrho = \dfrac{1}{3}\, a^2 h \varrho \approx 7\,200\,000 \text{ t}$.

b) $x : 233 = 11 : 148$, $\quad x \approx 17{,}3$; $\quad x^2 = 300$ (Abb. 9.9).

Die heute auf dem Gipfel vorhandene Plattform hat einen Flächeninhalt von rund 300 m^2.

9.12: Aus $a_2 = a_1 - 22$ und $a_1^2 - (a_1 - 22)^2 = 19\,272 : 6$ folgt $a_1 = 84$, also $a_2 = 62$. Die Würfel haben die Kantenlängen 84 cm und 62 cm.

9.13: Figur A ist in Bild 4, Figur B in den Bildern 1, 5, 6, 9, 10, 14, Figur C in den Bildern 2, 7, 15 wiederzufinden.

9.14: Wenn die Kantenlängen a, b, c (in Zentimeter) des quaderförmigen Innern des Kastens den Angaben der Aufgabenstellung entsprechen, so gilt o. B. d. A.
(1) $a \cdot b \cdot 2 = 600$, (2) $a \cdot 3 \cdot c = 600$, (3) $4 \cdot b \cdot c = 600$.

Durch Division erhält man aus (1) und (3) $\frac{a}{2c} = 1$, d. h.

(4) $a = 2c$.

Setzt man (4) in (2) ein, so folgt $6c^2 = 600$, und daraus wegen $c > 0$

(5) $c = 10$.

Wegen (5) folgt aus (4) dann $a = 20$ und aus (1) oder (3) schließlich $b = 15$. Daher können nur 10 cm, 15 cm, 20 cm als Innenmaße des Kastens und mithin nur der Wert 3 000 cm³ für sein Fassungsvermögen den Angaben der Aufgabenstellung entsprechen.

9.15: a) Wir zerlegen den Dachkörper durch zwei zur Grundfläche senkrecht stehende Schnitte, die durch E und F gehen und parallel zu AD verlaufen. Dann entstehen zwei Pyramiden $APSDE$ und $QBCRF$ sowie ein Prisma $PSEQRF$ (Abb. 9.10). Jede der Pyramiden hat eine rechteckige Grund-

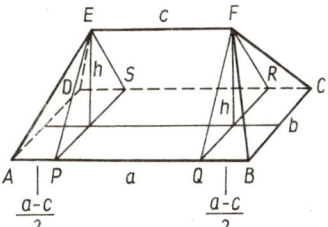

Abb. 9.10

fläche mit dem Flächeninhalt $\frac{1}{2} \cdot (a - c) \cdot b$ und der Höhe h.

Für das Volumen einer Pyramide gilt $V_1 = \frac{1}{3} \cdot \frac{1}{2} \cdot (a - c) \cdot b \cdot h$. Die Grundfläche des Prismas hat den Flächeninhalt $\frac{1}{2} \cdot b \cdot h$. Da seine Höhe gleich c ist, hat das Prisma das Volumen $V_2 = \frac{1}{2} \cdot b \cdot h \cdot c$. Daher beträgt das Volumen des Dachkörpers $V = 2 \cdot V_1 + V_2 = 2 \cdot \frac{1}{3} \cdot \frac{1}{2} \cdot (a - c) \cdot b \cdot h$ $+ \frac{1}{2} \cdot b \cdot h \cdot c = \frac{1}{6} \cdot (2a + c) \cdot b \cdot h$. b) $V = 160\,\text{m}^3$.

9.16: Es sei d die Länge der Diagonale der Grundfläche; dann gilt $d^2 = a^2 + b^2$, also $d = 10\,\text{cm}$ und $\dfrac{d}{2} = 5\,\text{cm}$.

Wegen $s^2 = h^2 + \left(\dfrac{d}{2}\right)^2$ gilt $s = 13\,\text{cm}$. Wir erhalten $2a + 2b + 4s = 2 \cdot (a + b + 2s) = 80\,\text{cm}$ und somit $80\,\text{cm} < 100\,\text{cm}$. Der 1 m lange Draht reicht zur Herstellung eines Kantenmodells für diese Pyramide.

9.17: $V = \dfrac{1}{3} \cdot \dfrac{4\,\text{cm} \cdot 5\,\text{cm}}{2} \cdot 12\,\text{cm} = 40\,\text{cm}^3$.

9.18: $V = \dfrac{m}{\varrho} = \dfrac{2}{10,5}\,\text{cm}^3 \approx 0,190\,5\,\text{cm}^3$.

Für die Länge x des herzustellenden Drahtes gilt $V = \pi r^2 x$,

also $x = \dfrac{0,190\,5 \cdot 10^8}{\pi}\,\text{cm} \approx 60,6\,\text{km}$.

9.19: a) Es entsteht ein gerader Kreiskegel mit dem Grundkreisradius b, der Höhe a und der Mantellinie c.

b) $V = \dfrac{1}{3}\pi r^2 h = \dfrac{1}{3}\pi b^2 a = \dfrac{1}{3}\pi \cdot 12^2 \cdot 16\,\text{cm}^3 \approx 2\,413\,\text{cm}^3$;

$A_O = \pi r^2 + \pi rs = \pi r(r + s) = \pi \cdot b \cdot (b + c) \approx 1\,206\,\text{cm}^2$.

c) $V_1 = \dfrac{1}{3}\pi b^2 a$; $V_2 = \dfrac{1}{3}\pi a^2 b$,   also

$V_1 : V_2 = b : a = 12 : 16 = 3 : 4$.

9.20: Für $r = 1\,\text{cm}$ folgt $O \approx 22,25\,\text{cm}^2$; weitere Ergebnisse: $52,30\,\text{cm}^2$, $91,50\,\text{cm}^2$, $140,88\,\text{cm}^2$, $201,22\,\text{cm}^2$.

9.21: Aus $V_K = \dfrac{1}{6}\pi d^3$ und $d = a\sqrt{3}$ folgt

$V_K = \dfrac{1}{6}\pi \cdot \left(a\sqrt{3}\right)^3 = \dfrac{1}{2}\pi a^3 \cdot \sqrt{3}$; darum gilt $a^3 : \left(\dfrac{1}{2}\pi a^3 \sqrt{3}\right)$

$= 2\sqrt{3} : 3\pi \approx 0,37$.

Der Würfel nimmt etwa 37 % des Volumens der Kugel ein.

9.22: $87\ \text{ml} - 75\ \text{ml} = 12\ \text{ml} = 12\ \text{cm}^3$;

$50 \cdot \dfrac{1}{6}\pi d^3 \approx 12\ \text{cm}^3$; $V_k = \dfrac{12\ \text{cm}^3}{50} = 240\ \text{mm}^3$;

$V_k = \dfrac{1}{6}\pi \cdot d^3$; $d \approx 7{,}7\ \text{mm}$.

9.23: $5\ \text{Liter} \,\hat{=}\, 5 \cdot 10^3\ \text{cm}^3 = 5 \cdot 10^6\ \text{mm}^3$;
$4{,}775 \cdot 10^6 \cdot 5 \cdot 10^6 \approx 24 \cdot 10^{12}$. Das Blut eines Erwachsenen enthält etwa $24 \cdot 10^{12}$ rote Blutkörperchen.
$24 \cdot 10^{12} \cdot 7{,}9\ \mu\text{m} \approx 190\,000\ \text{km}$.

9.24:   Aus $\dfrac{1}{3}\pi r_1^2 h_1 = 1\,000$ und $\dfrac{1}{3}\pi r_2^2 h_2 = 500$ folgt

$\dfrac{r_1^2 h_1}{r_2^2 h_2} = \dfrac{2}{1}$.

Nach dem Strahlensatz gilt $h_1 : h_2 = r_1 : r_2$.

Daraus folgt weiter $h_1^3 : h_2^3 = 2 : 1$, $h_1 : h_2 = \sqrt[3]{2} : 1$, $h_2 = \dfrac{h_1}{\sqrt[3]{2}}$,

$h_2 \approx 0{,}8\,h_1$ (Abb. 9.11).

Das Glas wird durch $0{,}5\ \text{l}$ Wasser bis zu $\dfrac{4}{5}$ seiner Höhe gefüllt.

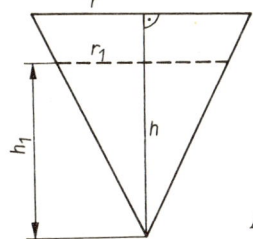

Abb. 9.11

9.25:   Der Ratende subtrahiert von dem genannten Ergebnis 18 und dividiert das Ergebnis durch 3. Das Resultat ist die gemerkte Zahl.
Beispiel: Die gemerkte Zahl sei die 9.
Rechengang: $\{\{[[((9 \cdot \pi) : 4) \cdot 10] : 7{,}85] + 4\} \cdot 3\} + 6 = Z$;
$Z \approx 45{,}013\,7$; mitgeteiltes Ergebnis $= 45{,}0$.

Lösungsgang: $X = (45 - 18) : 3 = 27 : 3 = 9$. (Durch die eingebaute Rechenvorschrift $\dfrac{10 \cdot \pi}{4 \cdot 7{,}85} = 1{,}000\,507\,2$ ist im Ergebnis die erste Dezimalstelle stets eine Null!)

> *Selbst unsere häufigsten Irrtümer haben den Nutzen,*
> *daß sie uns am Ende gewöhnen, zu glauben,*
> *alles könne anders sein,*
> *als wir es uns vorstellen.*
>
> GEORG CHRISTOPH LICHTENBERG

10. Darstellende Geometrie

10.1:   b) $h_a^2 = \left(\dfrac{a}{2}\right)^2 + h^2; \quad h_a = 6{,}48 \text{ m};$

$$A_O = 4 \cdot \frac{1}{2} \cdot a \cdot h_a = 2 \cdot a \cdot h_a \approx 57 \text{ m}^2;$$

$n = 57 \cdot 54 = 3\,078$ (Anzahl der Ziegel).

10.2:   a), b) Abb. 10.18.

c) $\overline{PS}^2 = \overline{AE}^2 + (\overline{AP} - \overline{ES})^2; \quad \overline{PS} \approx 7{,}6 \text{ cm}.$

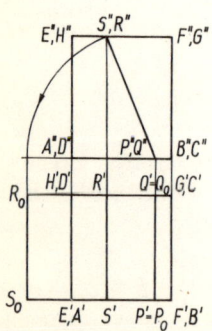

Abb. 10.18

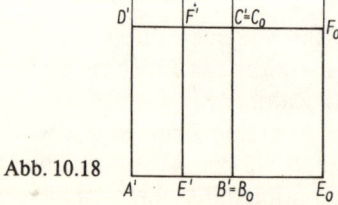

Abb. 10.19

10.3:   b) $A_T = \frac{1}{2} \cdot (a + c) \cdot h \approx 16,2 \; \text{m}^2.$

c) $V = A_T \cdot h' \approx 38,9 \; \text{m}^3.$

10.4:   Abb. 10.19.

10.5:   a) $V = V_Q + V_P = abc + \frac{1}{3} \, abh; \quad V = 156 \; \text{cm}^3.$

10.6:   a)   Abb. 10.20.

b) $\overline{EH}^2 = (\overline{AB} - \overline{GH})^2 + (\overline{AG} - \overline{BE})^2,$
$\overline{EH}^2 = 25 \; \text{cm}^2; \quad \overline{EH} = 5 \; \text{cm}.$

c) $u = \overline{AB} + \overline{BE} + \overline{EH} + \overline{HG} + \overline{AG} = 32 \; \text{cm}.$

d) $A = \overline{AG} \cdot \overline{GH} + \frac{1}{2} \cdot (\overline{AG} + \overline{BE}) \cdot (\overline{AB} - \overline{GH}), \; A = 60 \; \text{cm}^2.$

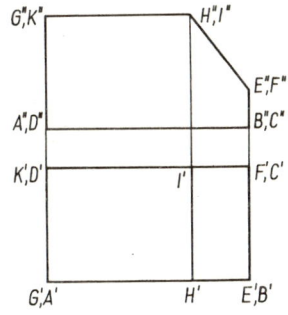 

Abb. 10.20   Abb. 10.21

10.7:   a)   Abb. 10.21.

b) $A = A_R - A_T = a \cdot b - \frac{1}{2} \cdot (a' + c) \cdot h,$

$A = \left[50 \cdot 30 - \frac{1}{2} \cdot (30 + 16) \cdot 20 \right] \text{mm}^2 = 1\,040 \; \text{mm}^2.$

10.8:   b) $A_O = a \cdot l + 2 \cdot s \cdot l + 2 \cdot \frac{1}{2} \cdot a \cdot h$

$= l \cdot (a + 2s) + \frac{a}{2} \sqrt{4s^2 - a^2};$

$A_O = \left[14 \cdot (5 + 13) + 2,5 \cdot \sqrt{4 \cdot 42,25 - 25} \right] \text{cm}^2 = 282 \; \text{cm}^2.$

10.9:   c) $s^2 = h^2 + a^2$; $s = 65\,\text{mm}$.

10.10:   b) $x : d = (h - 2) : h$; $x = 4\,\text{cm}$, also $r_1 = 2\,\text{cm}$.

c) $V = \dfrac{1}{3}\,\pi \cdot h \cdot (r_1^2 + r_2^2 + r_1 r_2)$,

$$V = \frac{1}{3}\,\pi \cdot 2 \cdot (3^2 + 2^2 + 3 \cdot 2)\,\text{cm}^3 \approx 40\,\text{cm}^3.$$

10.11:   Der Käfer hat sechs Möglichkeiten, vom Eckpunkt A entlang der Kanten zum Eckpunkt G zu gelangen: (a, b, l), (a, k, f), (d, c, l), (d, m, g), (i, e, f), (i, h, g).

10.12:   Es gibt mehrere Anordnungsmöglichkeiten. Eine davon zeigt die Abb. 10.22.

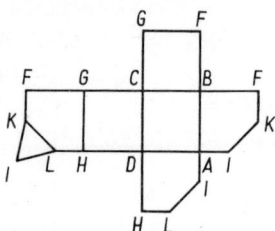

Abb. 10.22

10.13:   a) Abb. 10.23.

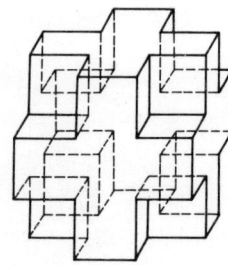

Abb. 10.23

b) $V_R = V - 8 \cdot V_A$, $217\,\text{cm}^3 = 9^3\,\text{cm}^3 - 8 \cdot b^3$, $b^3 = 64\,\text{cm}^3$, $b = 4\,\text{cm}$.

Es gilt ferner die Bedingung $b < \dfrac{a}{2}$, denn $4 < \dfrac{9}{2} = 4{,}5$.

10.14: Würfel *F*.

10.15: Abb. 10.24, Abb. 10.25.

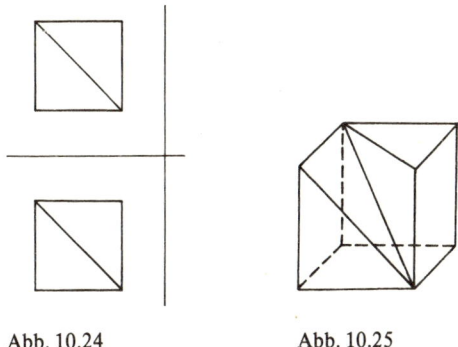

Abb. 10.24   Abb. 10.25

10.16: c) Der kleinere der beiden Teilkörper ist ein unregelmäßiges Tetraeder.

10.17: Von den gesuchten Schnittfiguren sind die unter c) und h) genannten nicht möglich. Alle anderen sind möglich, wie man aus den Abbildungen 10.26 a) bis g) erkennen kann. Dabei können bei b) und d) nur spitzwinklige Dreiecke, bei g) nur unregelmäßige Fünfecke mit zwei Paaren paralleler Seiten entstehen.

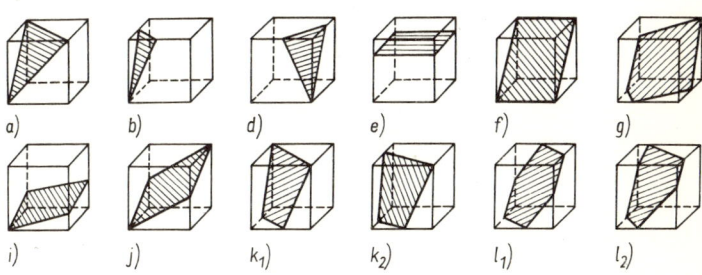

Abb. 10.26

In der Aufzählung nicht enthalten, aber möglich sind, wie die Abbildungen 10.26 i) bis l) zeigen: i) Parallelogramme, die weder Rhombus- noch Rechteckform haben, j) Rhombus, k) Trapez (gleichschenklig oder ungleichschenklig), l) Sechseck (regelmäßig oder unregelmäßig mit drei Paaren paralleler Seiten).

10.18: b) Der Restkörper hat 12 Eckpunkte und 24 Kanten.
c) Sechs Teilflächen sind Quadrate, 8 Teilflächen sind gleichseitige Dreiecke.

10.19: Eine mögliche Lösung stellt die folgende dar:

a	b	c	d	e	f	g	h	Summe	Name
4	4	4	4					16	Christine
				4	5	0	6	15	Christine
4	4			4	5			17	Berthold
		4	4			0	6	14	Berthold
	4	4			5	0		13	Alfred
4			4	4			6	18	Alfred
4	4	4	4	4	5	0	6	31	

10.20: b) $\sin 35° = \dfrac{3,5\ \text{cm}}{s}$; $s \approx 6,1\ \text{cm}$.

c) $A_O = 2(ab + ah + bs) = 88,6\ \text{cm}^2$,
$V = A_G \cdot h = a \cdot b \cdot h = 42\ \text{cm}^3$.

10.21: a) Ein Tetraeder mit kongruenten gleichschenklig-rechtwinkligen Dreiecken als Seitenflächen besitzt bei geeigneter Lage zu den Projektionsebenen einen derartigen Grund-, Auf- und Kreuzriß.

10.23: c) $h_s^2 = (15^2 + 10^2) \, \text{mm}^2$; $h_s = \sqrt{325} \, \text{mm} \approx 18 \, \text{mm}$.

10.24: b) Der Restkörper ist von vier regelmäßigen Sechsecken mit der Seitenlänge $\dfrac{a}{3}$ und vier gleichseitigen Dreiecken mit der Seitenlänge $\dfrac{a}{3}$ begrenzt; daraus folgt

$$A_O = (4 \cdot 6 + 4) \cdot \frac{a^2}{36} \cdot \sqrt{3} = \frac{7}{9} \, a^2 \sqrt{3} \,,$$

$$V = V_T - 4 \cdot V_P = \frac{a^3}{12} \cdot \sqrt{2} - \frac{4}{27} \cdot \frac{a^3}{12} \cdot \sqrt{2} = \frac{23}{324} \cdot a^3 \cdot \sqrt{2} \,.$$

10.25: I – 3 – B; II – 1 – C; III – 2 – A.

10.26: Waagerecht: 1. 343; 3. 11; 5. 36; 6. 3 525; 8. 156; 9. 12; 10. 25; 12. 675; 15. 2 605; 17. 90; 18. 88; 19. 387.
Senkrecht: 1. 36; 2. 335; 3. 12; 4. 152; 5. 30; 7. 5 625; 8. 1 260; 11. 628; 13. 753; 14. 90; 16. 68; 17. 97.

H. KÄSTNER / P. GÖTHNER

Algebra – aller Anfang ist leicht

Mathematische Schülerbücherei
Nr. 107

4. Auflage. 155 Seiten mit 30 Abbildungen
12 cm × 19 cm. 1989. Kartoniert 8,40 M
Bestell-Nr. 666 138 1   Bestellwort: Kaestner, Algebra

Inhalt

Mengen: Begriff der Menge · Gleichheit von Mengen ·
Teilmengen · Mengenoperationen · Kartesisches Pro-
dukt · Abbildungen und Funktionen · Zerlegung einer
Menge in Klassen · Begriff der Mächtigkeit.

Relationen: Begriff der Relation · Eigenschaften von Relationen · Äquivalenzrelationen · Ordnungsrelationen.

Operationen: Begriff der Operation · Eigenschaften von
Operationen · Elemente mit speziellen Eigenschaften ·
Kongruenzrelationen.

Algebraische Strukturen: Gruppe, Ring und Körper ·
Einfache Folgerungen aus den Axiomensystemen ·
Strukturverträgliche Abbildungen · Abgeleitete Struk-
turen.

LEIPZIG

BSB B. G. TEUBNER VERLAGSGESELLSCHAFT
LEIPZIG